无人值守变电站设备异常
辨识手册

WUREN ZHISHOU BIANDIANZHAN

SHEBEI YICHANG

BIANSHI SHOUCE

本书编写组　编

U0300067

中国电力出版社

CHINA ELECTRIC POWER PRESS

内 容 提 要

为了适应目前变电站无人值守管理模式下设备异常处理的需要，提高调控中心监控人员和变电站运维人员发现、分析、处理设备异常的技能，本手册结合目前变电站新技术、新设备、新的带电检测手段，有针对性地从高压断路器、高压隔离开关、GIS 设备、变压器、母线、电压互感器、电流互感器、防雷设备、站用交流系统、站用直流系统、并联电容器组、高压电抗器、接地变压器和消弧线圈、二次回路、小电流接地系统、智能变电站等 16 个方面，收集了变电站常见的设备异常现象，分析了可能的原因，提出了相应的现场处理建议及处理过程中的危险规避要点，以问答的形式编写而成。本书是变电运维人员和调控中心的监控人员提高岗位技能、正确处理变电站设备异常的实用宝典，也是变电站一、二次检修人员，试验人员实用的学习资料。

图书在版编目（CIP）数据

无人值守变电站设备异常辨识手册 /《无人值守变电站设备异常辨识手册》编写组编 . —北京：中国电力出版社，2017.11（2019.3重印）

ISBN 978-7-5198-1043-6

Ⅰ．①无… Ⅱ．①无… Ⅲ．①无人值守 - 变电所 - 电力装置 - 检修 - 技术手册 Ⅳ．① TM63-62

中国版本图书馆 CIP 数据核字（2017）第 188444 号

出版发行：中国电力出版社
地　　址：北京市东城区北京站西街 19 号（邮政编码 100005）
网　　址：http://www.cepp.sgcc.com.cn
责任编辑：王　南
责任校对：王小鹏
装帧设计：张俊霞　赵姗姗
责任印制：石　雷

印　　刷：三河市航远印刷有限公司
版　　次：2017 年 11 月第一版
印　　次：2019 年 3 月北京第二次印刷
开　　本：787 毫米 ×1092 毫米　16 开本
印　　张：17.25
字　　数：394 千字
印　　数：1001—1500 册
定　　价：70.00 元

本书编写组

主　　编　　闫　君

副主编　　尹　和　　罗　昕　　罗文杰　　庞　忠

参编人员　　秦　力　　昝海娥　　刘晓东　　殷立坚

　　　　　　王　波　　刘冠雄　　闫丽娟　　尉盛昌

　　　　　　仝晓非　　陈建丰　　任建业　　尹晓露

　　　　　　王　震　　杨北革　　刘剑锋

对于变电运维人员及调控中心的监控值班员来说，日常工作中遇到的一、二次设备异常的概率比系统事故大得多，而且根据以往的运行经验来看，变电站设备的异常处理比事故处理更加重要。原因是很多事故的发生及扩大都是从设备异常发展而来，如果运维人员和监控值班员能及时地发现设备异常，并能进行准确的定位、正确的分析判断，尽早进行处理，很多事故就能被扼杀在萌芽状态。如果一、二次设备异常的出现，未被及时发现，就有可能不断地发展、加重，直至发展成事故，或者在系统发生故障时，得不到及时的清除，扩大事故范围造成大面积停电。

随着设备的更新换代、网络及计算机技术、远程控制及监测技术的不断发展，目前500kV 及以下电压等级的变电站都已实现无人值守。

在这种管理模式下，变电设备异常一般分为两类：一类是由调控中心的监控值班员从监控系统中看到信号，经过初步的判断分析，再通知相关的变电运维人员，由运维人员去现场进行检查、验证，进行更加精确的判断、分析，根据重要性和严重程度，与调控人员配合，对发生异常的设备进行处理，现场处理不了的，就由运维人员对异常设备进行隔离，再交相关专业人员进行处理；另一类是调控中心的监控值班员从监控系统中看不到信号的，这就要靠变电运维人员的周期性巡视检查来发现，再根据自己的分析判断分析与调控中心的值班员配合进行相应的处理。

无人值守的变电站管理模式下，变电运维人员、调控中心的监控人员都远离变电站现场，监控人员只能看到信号，并根据需要对变电站的断路器进行遥控操作，对相关设备如主变压器分接开关进行遥控调节，这类操作的结果，如断路器的位置、变压器的分接头位置，还要靠运维人员去现场落实；运维人员平时不负责监盘，只是按照设备定期巡视周期去现场进行巡视，发现设备异常，进行相应的判断处理，但由于分管的变电站比有人值守时多，因此巡视检查周期相应延长。所有这一切，都使得变电站的设备异常处理都有了相应的延时。

所以，如何对变电站设备出现的异常情况进行分析判断，及时正确地进行处理，就变得更加重要。

而现有的培训教材，往往比较重视事故处理，对一、二次设备异常处理涉及的比较少，即使有所涉及，也是在以前有人值守的情况下，并且与设备的巡视检查、缺陷管理合并在一起，比较分散，而且大部分不适合无人值守变电站的管理模式，更没有考虑到目前一些新的检测手段如红外线热成像仪、局部放电带电监测仪等的应用。

为此，国网大同供电公司的"闫君劳模创新工作室""尹和变电运维技能专家工作室"合作，一起编写了这本《无人值守变电站设备异常辨识手册》。

此手册共计 16 章，分别是高压断路器、高压隔离开关、GIS 设备、变压器、母线、电压互感器、电流互感器、防雷设备、站用交流系统、站用直流系统、并联电容器组、高压电抗器、接地变压器和消弧线圈、二次回路、小电流接地系统、智能变电站，分门别类地对无人值守变电站常见的设备异常进行了收集整理，以问题的形式，分别叙述了异常现象及可能的原因，并给出了相应的处理建议。

本手册异常现象多从运维人员日常的巡视检查、带电监测、主控制室监控系统显示的内容、保护及自动装置的就地信号、调控中心所看到的远传信号、运维人员和监控人员实际操作中遇到的异常现象进行描述，更加贴近无人值守变电站的实际情况。处理建议部分除给出了相应的检查步骤、操作处理方式外，还给出了处理过程中的危险提示，因此实用性、可操作性很强，是变电运维人员和调控中心的监控人员提高岗位技能、正确处理变电站设备异常的实用宝典，也是变电站一、二次检修人员，试验人员很实用的学习资料。

由于变电站设备更新换代越来越快，大量的带电监测技术也不断涌现，加之编者水平有限，本手册中欠妥之处在所难免，恳请相关专家和读者批评指正。

本书编写组

2017 年 10 月

目 录

11

第一章

高压断路器异常分析及处理

1 监控系统断路器显示为红、绿色以外的其他颜色

异常现象

监控系统一次接线图上断路器显示为红、绿色以外的其他颜色。

异常原因

（1）如果有"控制回路断线"信号，则是控制回路无电源或断线，红灯不亮是跳闸回路故障，绿灯不亮是合闸回路故障。如控制电源开关跳闸或接触不良、控制回路接点接触不良、断路器辅助接点转换不到位、继电器线圈断线等。

（2）断路器由于 SF_6 气体压力过低或操作机构储能不足被闭锁。此时会同时发出"操作机构未储能"或"闭锁"信号。

（3）监控系统断路器位置指示消失的原因有：测控装置故障或失电、测控通道故障、断路器检修时测控装置投入"置检修状态"压板等。

处理建议

（1）当发现监控系统断路器显示为红、绿色以外的其他颜色时，先检查相应测控装置是否故障或失电（"运行"及"电源"指示灯是否明亮）、测控通道有无异常（监控系统是否有通道中断或异常信号发出）、断路器测控装置的"置检修状态"压板是否投入。

（2）检查监控系统是否有其他信号发出。如有控制回路断线信号，应检查是否有其他信号发出，如有闭锁信号发出，应检查造成断路器闭锁的原因并进行处理。如无其他信号发出，应检查该断路器控制电源开关是否跳闸或接触不良，如控制电源小开关跳闸，应试合控制小开关，再次跳闸不得再投，应报专业人员检查处理。如该断路器控制电源小开关无问题，应检查控制回路有无断线或接触不良的现象，运维人员能处理的尽量处理，不能处理的报专业人员处理。断路器控制回路断线短期内不能修复的，应采用倒闸操作的方法将该断路器退出运行。

（3）如在"控制回路断线"信号发出的同时，有断路器闭锁信号发出，应到现场检查断路器的实际位置、SF_6 气体压力是否下降到闭锁值，是否有漏气现象，检查断路器操作机构是否"未储能"，如存在这些原因，应立即汇报所属调度，用倒闸的方式将该断路器停用，并保持原样，做好安全措施后，上报相关管理部门，等专业人员处理。

2 　正常运行时，监控系统断路器指示闪亮

异常现象

系统正常运行时，监控系统断路器位置指示闪亮，同时并无系统冲击或保护动作信号。

异常原因

该断路器控制回路中有接地点，或者分、合闸回路之间绝缘损坏（如发生在断路器检修后一般为接线错误），或者有异常连接的地方。

处理建议

如发现正常运行时，监控系统中某断路器位置指示闪亮，应确认系统无冲击，并确认断路器实际位置正常后，检查监控系统有无直流接地信号发出，或者直流监控系统是否有接地信号发出，如有接地信号，应立即检查处理；如无直流接地信号或接地点不能自行处理的，应报专业人员处理。

3 　监控系统断路器位置指示相反，即合闸时显示为绿色、分闸时显示为红色

异常现象

断路器投运初期或监控系统检修后，发现监控系统断路器位置指示相反，即合闸时显示为绿色，分闸时显示为红色。

异常原因

新投断路器或监控系统检修后将断路器分、合闸状态位置接反。

处理建议

确认断路器的实际位置后，应报缺陷，由专业人员处理。

4 　断路器机械位置指示不正确

异常现象

巡视设备，或操作后发现，断路器机械指示位置不正确。

异常原因

断路器机械位置指示器内部脱扣或位移。

处理建议

当发现断路器机械位置指示不正确时，应停电，报专业人员处理。停电时，在拉开两侧隔离开关前应通过电气指示、高压带电显示装置、遥测、遥信以及手动按下机械分闸按

钮等方法综合判断断路器在分闸位置。

5 断路器控制回路断线

异常现象

（1）预告警报响，监控系统故障断路器位置指示显示红、绿色以外的其他颜色；

（2）监控系统发出"控制回路断线""压力降低分闸闭锁""压力降低合闸闭锁""装置异常"等信号。

异常原因

（1）弹簧机构的弹簧未储能、储能未满，或液压、气动机构的压力降低至闭锁值及以下；

（2）分、合闸回路接线端子松动、断线等；

（3）SF_6 断路器 SF_6 气体泄漏，压力降低至闭锁值及以下，或者空气断路器压缩空气泄漏，压力降低至闭锁值及以下；

（4）分闸或合闸线圈断线；

（5）断路器动合或动断辅助触点接触不良；

（6）分、合闸位置继电器或防跳继电器线圈烧断；

（7）断路器控制电源小开关跳闸或接触不良。

处理建议

（1）先检查监控系统有无其他信号发出，如有闭锁信号发出，应到现场检查断路器的实际位置、SF_6 气体压力是否下降到闭锁值，是否有漏气现象，检查断路器操作机构是否"未储能"，如存在这些原因，应立即汇报所属调度，用倒闸的方式将该断路器停用，并保持原样，做好安全措施后，上报相关管理部门，等专业人员处理；

（2）检查故障断路器控制电源小开关是否跳闸或接触不良，如控制电源小开关跳闸，应试合控制电源小开关，再次跳闸不得再合；

（3）检查控制回路有无断线或接触不良的现象，运维人员能处理的尽量处理，不能处理的应汇报相关管理部门，交专业人员处理；

（4）断路器控制回路断线短期内不能修复的，采用倒闸操作的方法将故障断路器退出运行。

6 监控系统遥控操作断路器合闸时显示操作闭锁未开放

异常现象

在监控系统对断路器进行合闸操作时，监控系统显示断路器操作闭锁未开放。

异常原因

运维人员操作时选择断路器错误；"五防"拒绝操作；监控系统与"五防"系统信号传

输故障等

（1）检查操作是否正确，是否符合"五防"逻辑；

（2）检查"五防"钥匙传输是否正常，可重新传输"五防"操作指令；

（3）检查监控系统与"五防"系统连接是否正常，如连接不正常，多是传输线接触不良，运维人员能处理的应立即处理，不能处理的报专业人员处理；

（4）检查"五防"程序运行是否正常，如不正常可重启"五防"程序并重新传输操作指令。

7 监控系统进行断路器合闸操作时显示遥控超时

运维人员在监控系统上对断路器进行遥控合闸时显示"遥控超时"信号，断路器合闸不成功。

（1）断路器测控装置或机构箱"远方/就地"控制把手在"就地"位置；

（2）断路器测控装置"检修状态"压板在投入位置；

（3）监控系统通道故障；

（4）测控装置故障。

监控系统显示"遥控超时"，可重发一次遥控指令，如仍不能遥控应进行以下检查处理：

（1）到测控装置、断路器机构箱处检查"远方/就地"控制小开关是否在"远方"位置，如在"就地"位置应切换到"远方"位置；

（2）检查断路器测控装置的"检修状态"压板是否在投入位置；

（3）经以上检查不能处理，可考虑在测控装置处手动强电操作，然后再由专业人员处理遥控超时的故障；

（4）如果在测控装置处也不能操作，应检查监控系统或测控装置是否正常，如有异常应报专业人员处理，必要时运维人员可在专业人员指导下重启测控装置。

8 当断路器进行遥控合闸操作后，监控系统后台机红灯不亮绿灯亮且事故警报响

当进行遥控合闸操作后，监控系统后台机红灯不亮、绿灯闪光且事故警报响，监控系统报出"开关由合到分"的语音报警。

合后继电器和断路器实际位置不对应,断路器未合上,原因有:

(1) 合闸回路断线或接触不良;

(2) 合闸接触器未动作;

(3) 合闸线圈故障;

(4) 合闸电压过低;

(5) 直流系统两点接地造成合闸线圈短路;

(6) 断路器机械故障,如合闸铁芯卡滞、合闸支架与滚轴故障等;

(7) 断路器采用控制把手操作时,合闸时间过短。

处理建议

(1) 检查合闸回路是否断线或接触不良。如合闸回路断线或接触不良,运维人员能处理的应立即处理,如果现场处理不了,应报专业人员处理。

(2) 再次进行合闸操作,看合闸接触器是否动作,如果合闸回路电源正常,合闸接触器不动作,说明合闸回路有断线或接触不良的现象,现场处理不了,应报专业人员处理;如果合闸接触器不动作,且有焦糊味或其它异味,说明合闸线圈已故障或烧毁,应通知专业人员更换合闸线圈;如果合闸接触器动作,而断路器仍合不上闸,说明断路器机械故障,应报相关专业人员进行处理。

(3) 检查直流系统电压是否过低,如过低可调节蓄电池组端电压或充电机整定值,使电压达到规定值。

(4) 检查直流系统是否存在接地现象,如有,说明是直流两点接地造成合闸线圈短路,应尽快查找并消除接地点,待直流系统接地消除后再进行合闸。

(5) 如经以上检查查不出拒绝合闸的原因时,应按照缺陷管理流程汇报所属调度和运行管理部门,由相关专业人员处理,运维人员应做好检修准备,有旁路母线的可将拒动断路器用旁路断路器代路送电。

(6) 如监控系统故障,在断路器测控装置上用控制把手进行强电手合操作,断路器合不上闸,可能是人员操作把手时间太短,致使合闸时间不够所致,可再次进行合闸操作。

9 当操作断路器合闸后,绿灯熄灭且红灯亮,但瞬间红灯又灭,绿灯闪光,事故警报响,又无保护动作信号

异常现象

当用监控后台机遥控合闸或在测控装置强电操作断路器合闸后,绿灯熄灭,红灯亮,但瞬间红灯又灭,绿灯闪光,事故警报响,又无保护出口信号。

异常原因

(1) 直流回路两点接地造成跳闸回路接通;

（2）操动机构合闸能量不足，三点过高等。

处理建议

（1）立即汇报所属调度。

（2）停止操作，到现场检查该断路器确在断开位置。

（3）查直流系统是否有接地现象，如有，则应尽快查找和消除接地点，试送该断路器，如果运维人员处理不了，应联系专业人员进行处理；有旁路母线时，应用旁路断路器代路送出，该断路器保持原样，等专业人员处理。

（4）如直流系统绝缘状况良好，应对该断路器的操动机构进行检查，查弹簧机构弹簧储能是否正常，液压或气动机构是否有跑气或漏油，压力指示是否正常，现场能处理的，可由运维人员处理，再试送该断路器；现场无法处理时，应报专业人员处理。有旁路母线时，应用旁路断路器代路送出，该断路器保持原样，等专业人员处理。

10 操作合闸后，监控后台机该断路器位置指示是红、绿以外的其他颜色，测控装置合位灯、跳位灯全不亮，并且断路器无电流，机械指示分闸或合闸，可能有"控制回路断线"信号发出

异常现象

在监控后台机遥控或在测控装置强电进行断路器合闸操作，该断路器位置指示呈红、绿以外的其他颜色，测控装置合位、跳位灯全灭，并且断路器无电流，机械指示可能是分闸或合闸，有时可能有"控制回路断线"信号发出。

异常原因

（1）控制回路断线；

（2）断路器触头卡在中间位置。

处理建议

（1）立即汇报所属调度值班员。

（2）到现场检查断路器具体位置，到底是在分位还是合位。

（3）如有"控制回路断线"信号发出，应先检查有无其他信号同时发出；如有闭锁信号发出，应检查造成断路器闭锁的原因并进行相应处理。检查控制小开关是否跳闸或接触不良，如控制电源小开关跳闸，应试合控制电源小开关，再次跳闸不得再投。检查控制回路有无断线或接触不良现象，运维人员能处理的尽量处理，不能处理的报专业人员处理。断路器控制回路断线短期内不能修复的，有旁路母线时，应用旁路断路器代路送出。如无旁路母线，应将该断路器转换为检修状态，由专业人员处理。

（4）如无"控制回路断线"信号发出，可能是由于断路器传动系统故障，使触头停在了中间位置，应报专业人员处理。

11 在监控后台机合闸操作后，监控后台机断路器位置指示红灯亮，但断路器无电流指示，且断路器机械指示在合闸位置

异常现象

在监控后台机或测控装置进行断路器合闸操作后，断路器位置指示红灯亮，但断路器无电流指示，断路器机械指示在合闸位置。

异常原因

断路器传动轴杆或销子脱出造成断路器触头未合上。

处理建议

(1) 停止操作，到现场检查断路器确切位置。

(2) 汇报所属调度和相关管理人员，由专业人员处理。

(3) 有旁路母线的，应由旁路断路器代路送出。

12 断路器分闸操作前，红、绿灯均不亮

异常现象

断路器分闸操作前，监控后台机断路器位置指示呈红、绿以外的其他颜色，测控装置合位灯、跳位灯均不亮。

异常原因

(1) 控制回路有断线现象。

(2) 无控制电源。

(3) 断路器因操作动力不足或灭弧介质故障被闭锁。

处理建议

(1) 检查监控后台机是否有断路器控制回路断线或闭锁信号，如有上述信号，应暂时停止操作，并汇报所属调度及上级管理部门。

(2) 检查控制电源小开关是否跳闸或接触不良，如控制电源小开关跳闸应试合控制电源小开关，再次跳闸不得再合。检查控制回路有无断线或接触不良现象，运维人员能处理的尽快处理，不能处理的，报专业人员处理。检查有无其他信号同时发出，如有闭锁信号同时发出，应检查造成断路器闭锁的原因并进行处理。

(3) 待处理恢复后再进行操作，如果短期内无法修复，应按照不同的主接线方式和断路器的位置，采用倒闸操作的方法将该断路器退出运行：

1) 双母线接线方式，线路或主变压器断路器故障，可将故障断路器以外的其他断路器热倒至一条母线上，用母联断路器断开故障断路器电源，再拉开故障断路器两侧隔离开关，然后恢复母线正常方式。

2）双母线接线方式，母联断路器故障，可将一条母线上的所有断路器热倒至另一条母线上，用母联隔离开关断开空载母线，将母联断路器隔离。也可将某一回路两条母线隔离开关同时合上，再拉开母联断路器两侧隔离开关，但需注意跨接隔离开关的容量应满足作为母联使用的要求，如主变压器回路的隔离开关。

3）带旁母接线，可旁带的断路器故障，可用旁路断路器代供故障断路器，断开旁路断路器控制电源，拉开故障断路器两侧隔离开关，再投入旁路断路器控制电源，将故障断路器退出运行。

4）3/2断路器接线方式，某一串中的某个断路器故障，在有另外两串及以上运行时，可在断开故障断路器同串的断路器控制电源后，直接拉开其两侧隔离开关隔离。

5）单母线或单母分段接线，某断路器故障，可拉开母线上其他断路器后，将上一级电源断路器断开，拉开故障断路器两侧隔离开关，隔离故障断路器后，再恢复其他部分供电。

13 在监控后台机遥控操作断路器分闸不成功，监控后台机显示闭锁未解除

异常现象

监控后台机遥控操作断路器分闸不成功，监控后台机显示闭锁未解除。

异常原因

（1）断路器选择错误，"五防"拒绝操作；

（2）监控系统与"五防"系统信号传输故障；

（3）"五防"钥匙传输不正常；

（4）"五防"程序运行不正常，或调控中心操作但变电站"五防"未退出，或变电站操作但调控中心"五防"未退出。

处理建议

（1）检查监控后台机"五防"闭锁是否开放；

（2）检查操作是否正确，是否符合"五防"逻辑；

（3）检查监控后台机与"五防"系统连接是否正常，如连接不正常，多是传输线接触不良，运维人员能处理立即处理，不能处理的报专业人员处理；

（4）检查"五防"程序运行是否正常，如不正常，可重启"五防"程序并重新传输操作指令。

14 监控后台机操作断路器分闸不成功，监控后台机显示遥控超时

异常现象

监控后台机操作断路器分闸不成功，监控后台机遥控操作对话框显示遥控超时。

异常原因

（1）测控装置或断路器机构箱操作方式选择把手（"远方/就地"控制把手）在"就

地"位置；

（2）断路器测控装置"检修状态"压板在投入位置；

（3）监控系统通道异常；

（4）测控装置故障或死机。

处理建议

（1）立即重发一次遥控分闸指令。

（2）如不成功，应到测控装置、断路器机构箱检查"远方/就地"控制小开关是否在"远方"位置，如在"就地"位置应切换到"远方"位置，重发遥控分闸指令。

（3）检查断路器测控装置"检修状态"压板是否在投入位置，如在投入位置，应退出。

（4）经以上检查不能处理，可考虑至测控装置处进行就地强电分闸操作，然后再由专业人员处理遥控超时的故障。

（5）检查监控系统是否有"通道中断"信号，如有应报专业人员处理，运维人员可到测控装置处进行一次就地强电分闸操作。

（6）检查测控装置是否正常，如有异常应报专业人员处理，必要时运维人员可在专业人员的指导下重启测控装置。

（7）如果仍不能分闸，带有自由脱扣机构的断路器可到断路器操动机构处按下"紧急分闸"按钮分闸。

（8）没有自由脱扣或采用"紧急分闸"按钮仍不能分闸的断路器，采取禁示分闸措施：

1）断开断路器控制电源；

2）断开断路器操动机构电源（液压机构油泵电源、弹簧机构电机电源、气动机构气泵电源）。

（9）按照不同接线方式和采取了禁止分闸措施断路器的位置，采用倒闸操作的方法将故障断路器退出运行，做好安全措施，汇报所属调度及上级主管部门，由专业人员处理：

1）双母线接线方式，线路或主变压器断路器故障，可将故障断路器以外的其他断路器热倒至一条母线上，用母联断路器断开故障断路器电源，再拉开故障断路器两侧隔离开关，然后恢复母线正常方式；

2）双母线接线方式，母联断路器故障，可将一条母线上的所有断路器热倒至另一条母线上，有母联隔离开关断开空载母线，将母联断路器隔离。也可将某一回路两条母线隔离开关同时合上，再拉开母联断路器两侧隔离开关，但需注意跨接隔离开关的容量应满足作为母联使用的要求，如主变压器回路的隔离开关；

3）带旁母接线，可旁带的断路器故障，可用旁路断路器代供故障断路器，断开旁路断路器控制电源，拉开故障断路器两侧隔离开关，再投入旁路断路器控制电源，将故障断路器退出运行；

4）3/2断路器接线方式，某一串中的某个断路器故障，在有另外两串及以上运行时，可在断开故障断路器同串的断路器控制电源后，直接拉开其两侧隔离开关隔离；

5）单母线或单母分段接线，某断路器故障，可拉开母线上其他断路器后，将上一级电源断路器断开，拉开故障断路器两侧隔离开关，隔离故障断路器后，再恢复其他部分供电。

15 断路器分闸操作后，监控后台机绿灯不亮，红灯闪光

监控后台机遥控操作或测控装置就地强电操作断路器分闸后，绿灯不亮，红灯闪光。

（1）分闸线圈短路；

（2）分闸电压过低；

（3）跳闸铁芯卡涩或脱落，动作冲击力不足；

（4）弹簧机构分闸弹簧失灵、液压机构分闸阀卡死、气动机构大量漏气等；

（5）触头过热熔焊或机械卡涩，传动部分故障，如销子脱落、绝缘拉杆断裂等；

（6）三连板三点过低，部件变形。

（1）停止操作，立即汇报所属调度及上级主管部门。

（2）检查直流系统有无接地现象，如有，可能是两点接地，致使分闸线圈短路，应查找并消除接地点，运维人员能处理的及时处理，不能处理的应报专业人员处理。

（3）检查直流母线电压是否过低，如过低，可调节蓄电池组端电压或充电机整定值，使电压达到规定值。

（4）如仍不能分闸的，带有自由脱扣机构的断路器可到断路器操作机构处按下"紧急分闸"按钮，再报上级主管部门，由专业人员处理断路器拒分故障。

（5）没有自由脱扣机构的断路器或者采用"紧急分闸"按钮仍不能分闸的断路器，采取禁止分闸的措施：

1）断开断路器控制电源；

2）断开断路器操动机构电源（液压机构油泵电源、弹簧机构电机电源、气动机构气泵电源）；

3）如断路器已被电气闭锁，有机械卡具的应安装机械闭锁卡具，将断路器机械闭锁在合闸位置。

（6）按照不同的主接线方式和拒分断路器的位置，采用倒闸操作的方法将拒分断路器退出运行，做好安全措施，报所属调度及上级主管部门，由专业人员处理：

1）双母线接线方式，线路或主变压器断路器拒绝分闸，可将故障断路器以外的其他断路器热倒至一条母线上，用母联断路器断开故障断路器电源，再拉开故障断路器两侧隔离开关，然后恢复母线正常方式。

2）双母线接线方式，母联断路器拒分，可将一条母线上的所有断路器热倒至另一条母线上，有母联隔离开关断开空载母线，将母联断路器隔离。也可将某一回路两条母线隔离开关同时合上，再拉开母联断路器两侧隔离开关，但需注意跨接隔离开关的容量应满足作为母联使用的要求，如主变压器回路的隔离开关。

3）带旁母接线，可旁带的断路器拒分，可用旁路断路器代供故障断路器，断开旁路断

路器控制电源，拉开故障断路器两侧隔离开关，再投入旁路断路器控制电源，将故障断路器退出运行。

4）3/2断路器接线方式，某一串中的某个断路器拒绝分闸，在有另外两串及以上运行时，可在断开拒分断路器同串的断路器控制电源后，直接拉开其两侧隔离开关隔离。

5）单母线或单母分段接线，某断路器拒绝分闸，可拉开母线上其他断路器后，将上一级电源断路器断开，拉开故障断路器两侧隔离开关，隔离故障断路器后，再恢复其他部分供电。

16 断路器非全相运行

异常现象

（1）正常运行中，220kV及以上分相操作断路器操作箱一相或两相OP灯灭，跳闸灯亮，断路器机构箱一相或两相在跳闸位置，无保护动作信号。

（2）操作220kV及以上分相操作断路器合闸时，有一相或两相未合上，或者有合闸线圈烧毁现象；分闸操作时，有一相或两相未分开，或者有分闸线圈烧毁现象。

（3）220kV及以上分相操作断路器线路有保护动作单相跳闸信号，重合闸动作信号，但重合失败，并且未启动三相跳闸；或重合闸未动作。

（4）220kV及以上分相操作断路器所供元件故障，保护动作跳三相，但有一相或两相未跳开，或许会有分闸线圈烧毁现象。

（5）220kV及以上分相操作断路器非全相运行，非全相保护未动作，无非全相保护动作信号。

异常原因

（1）220kV及以上分相操作断路器一相或两相偷跳；

（2）220kV及以上分相操作断路器合闸操作时一相或两相未合上；

（3）220kV及以上分相操作断路器分闸操作时一相或两相未分开；

（4）线路发生单相故障，保护动作跳单相，重合闸失败，且未启动三相跳闸，或者重合闸未动作；

（5）发生三相故障时保护动作，断路器一相或两相未跳开。

处理建议

（1）立即检查断路器操作箱和操作机构处，检查断路器三相位置，并汇报所属调度。

（2）断路器一相断开，两相运行时，可立即按照调度命令手动合闸一次，合闸不成功则应立即切开其余两相断路器。

（3）断路器两相断开，应立即将断路器断开。

（4）母联或分段断路器非全相运行时，应与所属调度合作调整降低母联或分段断路器电流接近零值，将母联或分段断路器拉开。如不能拉开，应冷倒为单母线方式运行，将一条母线停电处理。

（5）非全相运行断路器采取以上措施无法拉开或合上时，可汇报所属调度，然后采用下列方法将断路器退出运行，做好安全措施，由专业人员处理：

1) 双母线接线方式，线路或主变压器断路器非全相运行，可将故障断路器以外的其他断路器热倒至另一条母线上，有母联断路器断开故障断路器电源，再拉开故障断路器两侧隔离开关，然后恢复正常运行方式。

2) 带旁母接线，可有旁路断路器代供故障断路器，断开旁路断路器控制电源，拉开故障断路器两侧隔离开关，再投入旁路断路器控制电源，将故障断路器退出运行。

3) 3/2 断路器接线方式，在有另外两串及以上运行时，可在断开非全相运行断路器同串的断路器控制电源后，直接拉开其两侧隔离开关隔离。

4) 单母线或单母分段接线，可拉开母线上其他断路器后，将上一级电源断路器断开，拉开故障断路器两侧隔离开关，隔离故障断路器后，再恢复其他部分供电。

17 断路器本体过热

异常现象

用红外成像仪测温时，发现断路器本体温度不均匀，且明显高于其他相或其他同类且负荷电流相近的设备，严重时外部颜色明显不同，还可能嗅到明显的焦臭味。雪天或雪后巡视会发现，该断路器积雪比其他相或其他设备融化快，易形成冰溜。

异常原因

(1) 过负荷；
(2) 触头接触不良，接触电阻超过规定值；
(3) 导电杆与设备接线夹连接松动；
(4) 导电回路内各电流通过部件、坚固件松动或氧化。

处理建议

(1) 发现断路器本体有焦臭味，且本体外部颜色明显变化，应立即用红外成像仪进行测温，并将测得温度与其他相或其他同类且负荷电流相近的设备相比较，与该断路器以往保存的红外资料库进行比较，根据当时的环境温度、负荷情况进行确认，并汇报所属调度及上级主管部门。

(2) 经确认本体过热的断路器，有旁路母线的，立即由旁路断路器代路送出，将过热设备退出运行。无旁路母线的，立即停电处理。

18 断路器引线接头过热

异常现象

断路器运行中通过红外成像仪测温发现引线接头过热，严重时夜间闭灯巡视可看到引线接头发红，正常巡视引线接头颜色会明显变深。雪天或雪后巡视会看到该引线接头积雪比其他相或其他同类且负荷电流相近的设备融化快。

(1) 引线接头接触不良，接触电阻超过规定值；
(2) 坚固件松动或氧化。

处理建议

(1) 当发现断路器引线接头颜色明显变深，红外测温测得温度明显偏高，应缩短红外测温周期，加强监视，同时记录引线接头温度、环境温度及负荷电流，看其是否在不断发展、加重。

(2) 当断路器引线接头温度超过 60℃时，或引线接头温度呈上升趋势时，应立即汇报所属调度及上级主管部门，有旁路母线的，可用旁路断路器代路送出，将故障断路器停电，由专业人员处理。无旁路母线的可停电由专业人员处理。停电前可先申请调度通过限负荷或倒负荷的方式减少断路器负荷电流，降低发热程度。

19 断路器瓷质部分裂纹或破损、放电

异常现象

运维人员巡视设备时，或专业人员在断路器清扫工作中，发现断路器瓷质部分有裂纹或破损以及树枝状放电痕迹。

异常原因

断路器在运行中由于环境污染、恶劣气候、外力破坏或过电压等作用，会发生瓷质部分裂纹、破损或闪络放电现象。

处理建议

(1) 当设备清扫时，发现断路器瓷质部分有裂纹、破损及闪络放电痕迹时，应立即更换或处理，否则不得送电。有旁路母线的，可由旁路断路器代路送出，直至故障断路器更换或处理合格为止。

(2) 当运行中巡视设备时，发现断路器瓷质部分有裂纹、破损及闪络放电时，应禁止对该断路器进行操作，防止断裂造成短路、接地，引起上一级电源越级跳闸，并应立即汇报所属调度及上级主管部门。然后按照不同的主接线方式和故障断路器的位置，采取倒闸操作的方法将故障断路器退出运行，做好安全措施，由专业人员进行更换处理：

1) 双母线接线方式，线路或主变压器断路器出现裂纹或破损时，可将故障断路器以外的其他断路器热倒至一条母线上，用母联断路器断开故障断路器电源，再拉开故障断路器两侧隔离开关，然后恢复母线正常方式。

2) 双母线接线方式，母联断路器出现裂纹或破损时，可将一条母线上的所有断路器热倒至另一条母线上，用母联隔离开关断开空载母线，将母联断路器隔离。也可将某一回路两条母线隔离开关同时合上，再拉开母联断路器两侧隔离开关，但需注意跨接隔离开关的容量应满足作为母联使用的要求，如主变压器回路的隔离开关。

3）带旁母接线，可用旁路断路器代供故障断路器，断开旁路断路器控制电源，拉开故障断路器两侧隔离开关，再投入旁路断路器控制电源，将故障断路器退出运行。

4）3/2断路器接线方式，在有另外两串及以上运行时，可在断开故障断路器同串的断路器控制电源后，直接拉开其两侧隔离开关隔离。

5）单母线或单母分段接线，某断路器出现裂纹或破损时，可拉开母线上其他断路器后，将上一级电源断路器断开，拉开故障断路器两侧隔离开关，隔离故障断路器后，再恢复其他部分供电。

20 SF₆断路器发出"SF₆气压低"报警信号

异常现象

（1）预告警报响，监控后台机发出"SF_6气压低"告警信号；

（2）现场检查断路器SF_6压力表指示低于报警值，但高于分、合闸闭锁值。

异常原因

（1）SF_6系统有漏气现象，如瓷套与法兰胶合处胶合不良，瓷套的胶垫连接处胶垫老化或位置未放正；滑动密封处密封圈损伤，或滑动杆光洁度不够，管接头处及自动封阀处固定不紧或有杂物；压力表特别是接头处密封垫损伤等造成漏气。

（2）密度继电器失灵。

（3）表计指示有误。

处理建议

（1）立即检查压力表指示，将表计指示与SF_6压力温度曲线比较，以确定是否有误；

（2）记录此时的SF_6压力值，并将表计的数值根据环境温度折算成标准温度下的压力值，判断压力是否在规定的范围内；

（3）现场检查断路器是否漏气；

（4）若无漏气现象，应汇报上级主管部门，由专业人员进行带电补气，补气后继续监视；

（5）若有漏气现象（有刺激性气味或"嗞嗞"声），立即远离故障断路器，汇报所属调度及上级主管部门，及时转移负荷或改变运行方式，将故障断路器停电处理（此时SF_6气体尚可保证灭弧）。

21 SF₆断路器发出"SF₆低气压闭锁操作"信号

异常现象

（1）预告警报响，监控后台机发出"SF_6低气压闭锁操作""控制回路断线"信号，主接线图上该断路器位置指示呈红、绿以外的其他颜色。测控装置合位灯、分位灯均不亮；

（2）现场检查断路器SF_6压力表指示低于分、合闸闭锁值。

SF$_6$系统有漏气现象，如瓷套与法兰胶合处胶合不良，瓷套的胶垫连接处胶垫老化或位置未放正；滑动密封处密封圈损伤，或滑动杆光洁度不够，管接头处及自动封阀处固定不紧或有杂物；压力表特别是接头处密封垫损伤等造成漏气。

处理建议

立即断开故障断路器控制电源，汇报所属调度及上级主管部门，按照不同的主接线方式和闭锁断路器的位置，采用倒闸操作的方法将故障断路器退出运行，做好安全措施，报专业人员处理：

（1）双母线接线方式，线路或主变压器断路器闭锁分、合闸，可将故障断路器以外的其他断路器热倒至一条母线上，用母联断路器断开故障断路器电源，再拉开故障断路器两侧隔离开关，然后恢复正常运行方式。

（2）双母线接线方式，母联断路器分、合闸闭锁，可将一条母线上的断路器热倒至另一条母线上，再用母联隔离开关断开空载母线，将母联断路器隔离。也可将某一回路两条母线隔离开关同时合上，再断开母联断路器两侧隔离开关，但需注意跨接隔离开关的容量应满足作为母联使用的要求，如主变压器回路的隔离开关。

（3）带旁母接线，可用旁路断路器代供故障断路器，断开旁路断路器控制电源，拉开故障断路器两侧隔离开关，再投入旁路断路器控制电源，将故障断路器退出运行。

（4）3/2断路器接线，在有另外两串及以上运行时，可在断开闭锁断路器同串的断路器控制电源后，直接拉开其两侧隔离开关隔离。

（5）单母线或单母线分段接线，可拉开母线上其他断路器后，将上一级电源断路器断开，拉开故障断路器两侧隔离开关，隔离故障断路器后，再恢复其他部分的供电。

22　真空断路器真空度降低

异常现象

（1）正常巡视时，发现真空断路器玻璃屏蔽罩（真空泡）的颜色变黑、变深；

（2）断路器分闸操作时，真空泡内弧光颜色呈橙红色（真空度正常情况下弧光呈微蓝色）；

（3）对断路器进行预防性试验时，真空断路器触头间耐压不合格。

异常原因

（1）使用材料气密情况不良；

（2）金属波纹管密封质量不良；

（3）在断路器调试过程中，行程超过波纹管的范围或行程过大，受冲击力过大。

处理建议

（1）正常巡视时，发现真空断路器玻璃屏蔽罩（真空泡）颜色变黑、变深，且有异常响声时，说明真空度已经降低，应立即断开故障断路器的控制电源，汇报所属调度及上级主管部门，按照不同的主接线方式和故障断路器的位置，采用倒闸操作的方式将故障断路器退出运行。

1）双母线接线，线路或主变压器断路器故障，可将故障断路器以外的其他断路器热倒至一条母线上，用母联断路器断开故障断路器电源，再拉开故障断路器两侧隔离开关，然后恢复正常运行方式。

2）双母线接线，母联断路器故障，可将一条母线上的断路器热倒至另一条母线上，再用母联隔离开关断开空载母线，将母联断路器隔离。也可将某一回路两条母线隔离开关同时合上，再断开母联断路器的两侧隔离开关，但需注意跨接隔离开关的容量应满足作为母联使用的要求，如主变压器回路的隔离开关。

3）带旁母接线，可用旁路断路器代替故障断路器，断开旁路断路器控制电源，拉开故障断路器两侧隔离开关，再投入旁路断路器控制电源，将故障断路器退出运行。

4）3/2断路器接线，在有另外两串及以上运行时，可在断开故障断路器同串的断路器控制电源后，直接拉开其两侧隔离开关隔离。

5）单母线或单母线分段接线，在拉开母线上其他断路器后，将上一级电源断路器断开，拉开故障断路器两侧隔离开关，隔离故障断路器后，再恢复其他部分供电。

（2）当对真空断路器进行分闸操作时，发现真空泡内弧光变成了橙红色，或对断路器进行预防性试验时，真空断路器触头间耐压不合格，则应立即汇报上级主管部门，进行更换。

23　断路器液压机构压力过高

异常现象

预告警报响，监控后台机发出"液压机构压力过高"信号。

异常原因

（1）油泵启动打压，油泵停止微动开关位置过高或接点打不开；
（2）储压筒活塞密封不良，液压油进入氮气内，导致预压力过高；
（3）气温过高，使预压力过高；
（4）压力表失灵；
（5）油泵电源接触器有剩磁，接触器线圈断电后触点延时打开。

处理建议

（1）立即到现场，检查断路器液压机构压力表指示值，当时的环境温度；
（2）气温正常情况下液压机构压力过高应向上级主管部门汇报，由专业人员进行处理；
（3）若属于气温过高的影响，应使机构箱通风降温。

24　断路器液压机构压力过低

异常现象

（1）预告警报响，监控后台机发出"机构压力异常""压力低闭锁合闸""压力低闭锁分闸""控制回路断线"等信号；

（2）压力闭锁分、合闸后，监控后台机断路器位置指示呈红、绿以外的其他颜色，测控装置断路器合位灯、分位灯均熄灭；

（3）液压机构各部分、压力表指示等有异常情况，如较常见的漏油、频繁打压、油泵超时运转、油泵电机故障信号等。

异常原因

（1）油压正常降低，油泵因回路问题，不能自动打压储能。

（2）高压油路漏油，油泵打压但油压不上升，如 CY 型液压机构可能的漏油部位有：阀系统漏油（如管道接头密封垫处漏油，卡套密封处漏油，二级阀分、合阀密封不良等）、工作缸装配漏油、高压放油阀处漏油、储压器漏油、信号缸或压力表连接处漏油等。

（3）氮气泄漏。

处理建议

（1）检查故障断路器油泵电源开关是否跳闸或接触不良，如小开关跳闸，应试合小开关，如接触不良应使其接触良好，启动油泵打压，使压力上升至正常工作压力；如果小开关再次跳闸，说明回路中有短路故障。运维人员不能处理的，应报专业人员处理。

（2）如果故障断路器油泵电源小开关未跳闸，小开关以下也不存在接触不良的问题，可用万用表测试小开关进线电源是否正常，如果进线电源中断或缺相，或同时多路断路器出现液压机构压力过低现象，应检查上级电源开关是否跳闸，电源接头、线路是否断线，运维人员能处理的及时处理，不能处理的报专业人员处理。

（3）如油泵电源正常，则可能是油泵控制回路中各微动开关某一触点接触不良或损坏，应通知专业人员进行处理。

（4）油泵接触器动作，油泵电机不转，可能是接触器本身的问题，应通知专业人员进行处理。

（5）如液压机构压力尚未低于分闸闭锁值时，若机构有手动打压机构，可以断开储能电源后，手动打压将压力恢复，然后再报专业人员处理。

（6）如若液压机构压力过低是由于机构大量漏油所致，或液压机构压力已降至零，严禁手动打压，应断开油泵电源，有机械闭锁卡具的加机械闭锁卡具，按照不同主接线方式和故障断路器的位置，采用倒闸操作的方式，将故障断路器退出运行，做好安全措施，报专业人员处理。

1）双母线接线，线路或主变压器断路器故障，可将故障断路器以外的其他断路器热倒至一条母线上，用母联断路器断开故障断路器电源，再拉开故障断路器两侧隔离开关，然后恢复正常运行方式。

2）双母线接线，母联断路器故障，可将一条母线上的断路器热倒至另一条母线上，再用母联隔离开关断开空载母线，将母联断路器隔离。也可将某一回路两条母线隔离开关同时合上，再断开母联断路器的两侧隔离开关，但需注意跨接隔离开关的容量应满足作为母联使用的要求，如主变压器回路的隔离开关。

3）带旁母接线，可用旁路断路器代替故障断路器，断开旁路断路器控制电源，拉开故障断路器两侧隔离开关，再投入旁路断路器控制电源，将故障断路器退出运行。

4) 3/2 断路器接线，在有另外两串及以上运行时，可在断开故障断路器同串的断路器控制电源后，直接拉开其两侧隔离开关隔离。

5) 单母线或单母线分段接线，在拉开母线上其他断路器后，将上一级电源断路器断开，拉开故障断路器两侧隔离开关，隔离故障断路器后，再恢复其他部分供电。

25　断路器液压机构打压频繁

异常现象

预告警报不时响起，同时监控后台机不时报出"油泵运转"信号，出现次数明显增多，时间间隔明显缩短。

异常原因

(1) 液压油中有杂质；
(2) 高压油路漏油，如储压筒活塞杆漏油、放油阀密封不严等；
(3) 微动开关的停泵、启泵距离不合适；
(4) 氮气缺失。

处理建议

(1) 当发现断路器液压机构打压频繁时，运维人员应立即赶赴现场进行检查；
(2) 检查机构箱底部是否有油迹，高压管路是否大量漏油；
(3) 储压筒是否有"咝咝"的漏气声，如有，可用肥皂沫涂抹，找到漏气点；
(4) 查微动开关的停泵、启泵距离，与其他断路器液压机构微动开关停泵、启泵位置相比，是否有明显差异；
(5) 如因微动开关的停泵、启泵距离不足引起，可报专业人员进行调整；
(6) 如因储压筒氮气泄漏，或高压油路大量跑油所致，应立即汇报所属调度，倒闸负荷停电，由专业人员处理，有旁路母线的，可由旁路断路器旁带运行，将故障断路器退出运行处理；
(7) 如高压油路漏油，在冬季应注意清除油迹，缩短巡视时间，防止加热器引起火灾；
(8) 如果未见异常，可能是液压油中有杂质，应填报缺陷，由专业人员乘停电时机滤油或换油处理；
(9) 如果故障断路器打压频繁时处于冷备用状态，又无明显异常，可能是合闸二级阀未复位所致，可试合一次，可能会消除。

26　断路器液压机构打压时间过长

异常现象

(1) 预告警报响，监控后台机发出"油泵运转"信号，且长时间不消失；
(2) 预告警报响，监控后台机发出"油泵运转"信号后，"油泵运转超时"信号发出，

"油泵运转"信号自动消失。

（1）高压油路系统漏油严重，油压建不起来；
（2）油泵低压过滤器堵塞；
（3）油泵逆止阀密封不严或密封圈老化、损坏；
（4）油泵出口逆止阀密封不良；
（5）阀座与柱塞配合间隙过大；
（6）油泵内残存气体影响打压时间。

处理建议

（1）立即赶赴现场对故障的断路器机构箱进行检查，检查常压油箱油位是否正常，是否存在高压油路漏油现象；液压机构压力表指示是否正常；以手触试油泵温度是否正常，运转声音是否正常。

（2）如"油泵超时运转"信号已发出，油泵及高压油路无明显漏油迹象，常压油箱油位正常，液压油压力正常，可先断开油泵电源，使"油泵超时运转"信号复归，再给上油泵电源，看油泵是否能建起压力，油泵运转是否正常，外壳温度是否正常，高压油路是否存在漏油迹象。

（3）如果机构建压正常，可能是油泵内残留气体所致，气体逐渐淅出，油泵恢复正常。

（4）如果油压建不起来，或油泵运转声音异常，外壳异常发热，或高压油路存在漏油现象，常压油箱油位明显降低，应立即汇报所属调度及上级主管部门，申请转移负荷停电处理，有旁路母线的，可将负荷由旁路断路器代供，将故障断路器停电处理。

27　断路器弹簧机构弹簧储能异常

异常现象

预告警报响，监控后台机发出"弹簧未储能"（断路器如在分闸位置还会发出"控制回路断线"信号），现场检查可发现弹簧未储能机械指示或"储能正常"指示灯不亮。

异常原因

（1）储能电动机电源回路不通，触点接触不良、断线或电源开关跳闸；
（2）储能电动机本身故障；
（3）弹簧裂纹或断裂；
（4）弹簧调整拉力过大。

处理建议

（1）检查电机电源回路及电机是否故障，电源开关是否跳闸，若电机无故障而且弹簧已经拉紧（储能），则是二次回路误发信号。

（2）若电机回路小开关跳闸，应试合小开关，正常后启动电机储能，若再次跳闸，则不应再次投入。

（3）检查电机接触器是否有断线、烧毁或卡滞现象，热继电器是否动作未复归。

（4）若电机有故障，或电机控制回路有故障，应手动将弹簧储能，再报专业人员处理电机及其控制回路的故障。

（5）若系弹簧锁住机构有故障或弹簧故障且不能处理时，应汇报所属调度，停用故障断路器重合闸，通过倒闸操作将断路器退出运行。

28　断路器电磁操作机构合闸线圈烧毁

异常现象

断路器合闸操作后，合闸不成功，并且监控后台机上断路器位置指示呈红、绿以外的其他颜色，测控装置合位灯、跳位灯熄灭，断路器附近有焦糊味。

异常原因

（1）合闸接触器本身卡涩或触点黏连；

（2）在测控装置就地强电合闸操作后，操作把手的合闸触点黏连，在监控后台机遥控操作，微机操作箱内手合继电器触点打不开；

（3）重合闸装置辅助触点粘连或备用电源自投装置合闸辅助触点黏连；

（4）防跳跃继电器失灵；

（5）断路器辅助触点打不开。

处理建议

（1）立即停止操作，检查断路器保护动作信号、潮流指示、机械位置指示，确认断路器实际位置和合闸线圈烧毁情况，汇报所属调度及上级主管部门。

（2）将断路器转入检修位置，交专业人员处理。有旁路母线的，可用旁路断路器替代送出，将故障断路器退出运行，交专业人员处理。

29　断路器电磁操作机构分闸线圈烧毁

异常现象

断路器分闸操作后，断路器分闸不成功，监控后台机上断路器位置指示呈红、绿以外的其他颜色，测控装置合位灯、跳位灯熄灭，断路器附近有焦糊味。

异常原因

（1）跳闸线圈内部匝间短路；

（2）跳闸铁芯卡滞，造成跳闸线圈长时间通电；

（3）断路器跳闸后，辅助触点打不开，使跳闸线圈长时间带电。

处理建议

（1）立即停止操作，检查断路器保护动作信号、潮流指示、机械位置指示，确认断路器的实际位置和分闸线圈烧毁情况，汇报所属调度和上级主管部门。

（2）按照不同的主接线方式和故障断路器的位置，采用倒闸操作的方式，将故障断路器退出运行。

1）双母线接线方式，线路或主变压器断路器故障，可将故障断路器以外的其他断路器热倒至一条母线上，用母联断路器切断故障断路器电源，再拉开故障断路器两侧隔离开关，然后恢复正常运行方式。

2）双母线接线方式，母联断路器故障，可将一条母线上的断路器热倒至另一条母线，再用母联隔离开关断开空载母线，将母联断路器隔离。也可将某一回路两条母线隔离开关同时合上，再断开母联断路器两侧隔离开关，但需要注意跨接隔离开关的容量应满足作为母联使用的要求，如主变压器回路的隔离开关。

3）带旁母接线，可用旁路断路器代替故障断路器，断开旁路断路器控制电源，拉开故障断路器两侧隔离开关，再投入旁路断路器控制电源，将故障断路器退出运行。

4）3/2断路器接线，在有另外两串及以上运行时，可在断开故障断路器同串的断路器控制电源后，直接拉开其两侧隔离开关隔离。

5）单母接线或单母分段接线，可拉开母线上其他断路器后，将上一级电源断路器断开，拉开故障断路器两侧隔离开关，隔离故障断路器后，恢复其他部分供电。

30 断路器气动操作机构压力过高

异常现象

预告警报响，监控后台机报出断路器"空气压力过高"信号，现场检查断路器汇控柜或供气柜，可看到空气压力表读数已超过高气压报警值。对于三相操作机构，机构箱压力表也超过高气压报警值，对分相操作机构，应至少有一相机构箱空气压力表超过高气压报警值。

异常原因

（1）夏季气温高所致。

（2）冬季投入加热器后，温湿度控制器失灵，致使加热器一直在投入状态，供气柜、汇控柜或机构箱温度过高所至。

处理建议

（1）到现场检查空气压力表指示值是否超过高气压报警值，如已超过，可在汇控柜（分相操作机构）、供气柜（三相操作机构）打开放气阀进行放气，一般放气至空压机自动启动开始建压，关闭放气阀，待空压机自动停止后，压力应回到正常值；

（2）检查环境温度是否过高，如过高，则应开柜门通风降温；

（3）冬季应检查汇控柜、供气柜、机构箱温湿度控制器是否失灵，如失灵应更换；

（4）如属分相操作机构某一相气压过高，可在该相操作机构气罐放气阀处放气至三相基本一致即可。

31 **断路器气动操作机构打压频繁**

异常现象

预告警报响，监控后台机发出"电机运转"信号，且此警报和信号比平时出现的次数多，间隔时间短。

异常原因

(1) 气动操作机构管道连接处漏气。
(2) 气动操作机构气泵油水分离器连接处漏气。
(3) 放气阀或气罐进气阀处漏气。

处理建议

(1) 立即赴现场进行检查，查机构压力是否正常，是否存在漏气现象。
(2) 如有漏气处，查到漏气点后，立即汇报上级主管部门，等待专业人员处理。
(3) 如果漏气点在汇控柜或供气柜气泵与气罐之间，可关闭气罐进气阀，保持机构压力，由专业人员带电处理；如漏气点在汇控柜、供气柜气罐与机构之间，则应汇报所属调度，转移负荷，停电处理。如有旁路母线，可由旁路断路器代路供出，将故障断路器退出运行，由专业人员处理。

32 **断路器气动机构打压时间过长**

异常现象

预告警报响，监控后台机报出"电机超时运转"信号，现场检查会看到断路器汇控柜或供气柜内超时运转小开关在合位，气泵电机停止运转。

异常原因

(1) 气动操作机构管道连接处漏气，气泵运转建不起压力；
(2) 气泵电机传动系统故障，如传动皮带因皮带轮不在一个平面上受力不均匀而断裂损坏等；
(3) 气泵缸垫因气泵吸入水份而老化、损坏漏气；
(4) 气泵安全阀损坏漏气，建不起压力；
(5) 汇控柜或供气柜气泵启动或停止压力继电器触点黏连，气泵一直运转不停。

处理建议

(1) 立即到现场检查汇控柜或供气柜、机构箱有无异常，压力表指示是否正常。
(2) 如果发现气泵传动系统皮带断裂，应立即更换新的传动皮带，拉开气泵电机电源，使"超时运转"小开关自动复位，再给上气泵电机电源，操作机构恢复正常。
(3) 如果发现电机传动皮带轮飞出，应是电机转动方向相反，便传动皮带轮松脱所致，此时应将电机电源任意两相倒相，重新装好皮带轮，检查传动系统正常后，拉开气泵电机电源，使"超时运转"小开关自动复位，再给上气泵电机电源，操作机构恢复正常。

（4）如气泵传动系统未见异常，可拉开气泵电机电源开关，使"超时运转"小开关自动复位，再给上气泵电机电源，观察空压机系统运转情况：

1）如果空气压力表已到停泵值，气泵还在运转，同时有"高气压报警"信号发出，说明压力继电器触点粘连，可轻轻叩击压力继电器使其复位，气泵应可自动停止。如仍无法停止，应拉开气泵电机电源，报专业人员处理。

2）如果气泵运转，气泵安全阀不断窜动喷气，可能是安全阀损坏或气泵缸垫因进水损坏，此时应用重物压住气泵安全阀，使机构建压，压力正常后，拉开气泵电机电源，报专业人员处理。

3）如果气泵运转，气动操作机构管道连接处漏气，建不起压，漏气点如在汇控柜或供气柜储气罐与气泵之间，应关闭储气罐进气阀门，保持机构压力，报专业人员处理。漏气点如在供气柜或汇控柜储气罐与机构之间，则应汇报所属调度及上级主管部门，转移负荷，停电处理。如有旁路母线，可由旁路断路器代路供出，故障断路器退出运行，由专业人员处理。

33　断路器气动机构压力降低，闭锁分、合闸

异常现象

预告警报响，监控后台机报出"空压机压力降低""空压机压力低闭锁分、合闸""操作回路断线"等信号，监控后台机断路器位置指示呈红、绿以外的其他颜色，测控装置分位灯、合位灯熄灭。断路器汇控柜或供气柜、机构箱空气压力表指示降低，低于分、合闸闭锁值。

异常原因

（1）气动操作机构管道连接处漏气；
（2）压缩机逆止阀被灰尘堵塞；
（3）工作缸活塞磨损；
（4）气动机构控制电源或工作电源故障；
（5）气泵故障不能启动打压。

处理建议

（1）检查机构是否漏气，用听声音、手触摸、涂肥皂沫的方法，确定漏气部位，报专业人员处理。

（2）对管道连接处漏气及活塞环磨损而造成的机构频繁启动，应申请将该断路器停电进行处理，防止在运行中发生大排气现象。

（3）在断路器送电操作时，在合闸后如果听到压缩机有漏气声，则压缩机逆止阀被灰尘堵塞的可能性较大，可汇报所属调度对该断路器进行几次分、合操作，一般能够消除这种异常现象。

（4）如气泵未启动，应检查气泵电源、小开关、接触器或导线是否正常，查出故障部位，能处理的应立即处理，然后启动气泵打压，如不能处理的，应报专业人员处理；

（5）断路器在合闸状态下出现气动机构气压降低，且不能恢复时，应按照不同的主接线方式和故障断路器的位置，采用倒闸操作的方法，将故障断路器退出运行，报专业人员处理：

1）双母线接线方式，线路或主变压器断路器故障，可将故障断路器以外的其他断路器热倒至另一条母线上，用母联断路器切断故障断路器电源，再拉开故障断路器两侧隔离开关，然后恢复正常运行方式。

2）双母线接线方式，母联断路器故障，可将一条母线上的断路器热倒至另一条母线，再用母联隔离开关断开空载母线，将母联断路器隔离。也可将某一回路两条母线隔离开关同时合上，再断开母联断路器两侧隔离开关，但需要注意跨接隔离开关的容量应满足作为母联使用的要求，如主变压器回路的隔离开关。

3）带旁母接线，可用旁路断路器代替故障断路器，断开旁路断路器控制电源，拉开故障断路器两侧隔离开关，再投入旁路断路器控制电源，将故障断路器退出运行。

4）3/2断路器接线，在有另外两串及以上运行时，可在断开故障断路器同串的断路器控制电源后，直接拉开其两侧隔离开关隔离。

5）单母接线或单母分段接线，可拉开母线上其他断路器后，将上一级电源断路器断开，拉开故障断路器两侧隔离开关，隔离故障断路器后，恢复其他部分供电。

第二章

高压隔离开关异常分析及处理

34　隔离开关操作卡滞

异常现象

隔离开关操作过程中发生卡滞现象。

异常原因

（1）传动机构断裂或销子脱落。

（2）传动机构和隔离开关转动轴处生锈或调整不到位。

（3）隔离开关接头熔焊或冰冻等。

（4）小车开关轨道变形，动、静触头不在一个水平面或者闭锁钩抬不起来等会造成小车推不到位；触头过热熔焊、闭锁钩打不开等会造成小车拉不出来。

处理建议

（1）隔离开关操作过程中发生卡滞现象，应立即停止操作，不得用蛮力硬性操作，防止损坏设备，甚至造成事故。

（2）应对操作机构进行缓慢、轻柔的操作，以找到抗劲点和卡滞的原因；应一边操作，一边观察检查操作机构是否正常、传动机构有无明显卡阻现象，如操作机构有问题，应进行处理，恢复正常后继续操作。

（3）检查传动部件有无脱离、断开，方向接头等部件是否变形、断损，如传动部件有故障，应停电处理。

（4）静触头是否有卡阻现象，如果操作中发现动触头与静触头有抵触时，不应强行操作，否则可能造成支持绝缘子的损坏而造成事故，应停电处理。

35　隔离开关电动操作失灵

异常现象

电动操作隔离开关时，隔离开关拒动。

异常原因

（1）无操作电源；

（2）操作电源小开关跳闸；

（3）联锁触点接触不良；

（4）电机故障；

（5）机械故障。

处理建议

（1）当电动操作隔离开关发生拒动时，应立即停止操作，并进行以下检查处理：

1）检查电机电源开关是否合上，如未合上应合上电机电源开关，合不上时报专业人员处理。

2）检查电机电源是否中断或缺相，如电源不正常，应查明原因处理。

3）电动操作闭锁是否动作，如某些电动操作隔离开关在手动操作侧的机构箱门打开时，自动闭锁电动操作。查明原因能处理的及时处理，不能处理的报专业人员处理。

4）如电机电源正常，并且回路中无闭锁，则是电机故障，应报专业人员处理或更换。

5）电动操作失灵时，可断开电机电源，改为手动操作，然后再检查处理电动操作失灵的原因。

（2）如果电动机回路正常，电动机转动正常，隔离开关仍操作失灵，应断开电机电源，改为手动操作。仍不能操作，就是隔离开关的操动机构和传动机构有问题，应做如下检查处理：

1）检查操作机构是否正常，传动机构有无明显卡阻现象。如操作机构有问题，应交专业人员处理，恢复正常后，继续操作。

2）检查传动部件有无脱落、断开，方向接头等部件是否变形、断损，如传动部件故障，应停电处理。

3）静触头是否有卡阻现象。如果操作中发现动触头与静触头有抵触时，不应强行操作，否则可能造成支持绝缘子的损坏而造成事故，应停电处理。

36 　隔离开关遥控操作失灵

异常现象

在监控后台机或测控装置上对隔离开关进行遥控操作，隔离开关拒动。

异常原因

（1）测控装置上本间隔开关设备的"远方/就地"切换把手在"就地"位置，或测控装置该隔离开关遥控输出压板在退出位置，监控后台机上遥控操作隔离开关拒动。

（2）隔离开关操动机构"远方/就地"切换把手在"就地"位置，致使监控后台机、测控装置遥控操作失败。

（3）隔离开关因以下原因，"五防"闭锁未开放：

1）操作步骤错误；

2）"五防"机与监控后台机信号传输不正常；

3）"五防"程序运行不正常；

（1）首先检查测控装置和隔离开关机构箱"远方/就地"切换把手是否在"就地"位置，如果在"就地"位置，应将其切换至"远方"位置。

（2）检查操作步骤是否正确，如操作步骤不符合"五防"逻辑，应重新进行模拟预演，按正确的步骤进行操作。

（3）检查"五防"机与监控后台机信号传输是否正常，必要时，可重启测控装置，使其恢复正常。

（4）检查"五防"程序运行是否正常，如不正常，可重启"五防"程序。

（5）如经以上检查，仍无法进行遥控操作，可在保证操作步骤正确，且有监护人的情况下，改为隔离开关机构就地操作。然后，再交由专业人员处理该隔离开关不能遥控操作的问题。

37 隔离开关引线接头过热

异常现象

（1）红外线成像测温时，发现隔离开关引线接头过热；

（2）夜间进行闭灯巡视时，发现隔离开关引线接头已烧红，红外测温，确认引线接头已存在过热现象；

（3）雪天或雪后巡视设备，发现隔离开关引线接头积雪融化速度比其他相或其他同类设备快，红外测温确认该隔离开关引线接头已过热。

异常原因

（1）负荷过大；

（2）接头氧化，接触不良；

（3）接头连接件松动，接触电阻增大。

处理建议

（1）若接头属轻微过热，应缩短巡视和红外测温周期，严密监视接头过热是否在发展。

（2）若接头严重过热，应立即汇报所属调度，根据本站接线方式采用倒母线或旁路代替运行及降低负荷等方法进行紧急处理。若接头已发红变形，负荷不能马上转移的，应立即停电检修，停运操作方法是：

1）负荷侧隔离开关可将回路断路器和线路转冷备用；

2）母线侧隔离开关需拉开回路断路器，并将母线转冷备用，双母线接线可先将该线路倒换至另一条母线运行，发热的母线隔离开关在以后的母线停役（双母线接线的还必须该回路停役）时，进行处理；

3）主变压器侧隔离开关需将该回路断路器和主变压器转冷备用；

4）专用旁路接线中，如果某一回路母线侧或线路侧隔离开关过热，可用旁路替代该线路运行，发热的隔离开关引线接头安排停电检修。

38 隔离开关触头过热

（1）红外成像仪测温，发现隔离开关触头过热；

（2）夜间闭灯巡视，发现隔离开关触头发红，红外测温证实该隔离开关触头过热；

（3）雪天或雪后观察隔离开关触头积雪融化比其他相或其他同类设备速度快，红外测温确认该隔离开关触头过热；

（4）拉开隔离开关时，发现触头粘连，拉不开，红外测温确证该隔离开关触头已过热。

异常原因

（1）负荷过大；

（2）触头氧化，接触不良；

（3）合闸操作时，隔离开关没有完全合好；

（4）隔离开关触头触指弹簧老化、触指接触压力不够，接触电阻过大。

处理建议

（1）若触头属轻微过热，应加强巡视，缩短红外测温周期，严密监视触头过热是否在发展。

（2）隔离开关触头过热，可用绝缘拉杆轻微调整接触面，继续观察其发热是否减弱。如 35kV 及以下 GN 或 GT 型隔离开关过热，经检查，如发现三相合后位置不同期现象，可用相应电压等级的绝缘棒将隔离开关的三相触头顶到位，但要小心从事，以防滑脱造成事故。事后应加强监视，防止继续发热。对室内隔离开关，还应加强通风及降温措施。

（3）如触头严重过热或分闸操作时发现隔离开关已过热黏连，应立即汇报所属调度，根据本站接线形式采用倒母线或旁路替代运行及降低负荷等方法进行紧急处理。若触头已发红变黑，负荷不能马上转移的，应立即停电检修处理，停运操作方法是：

1）负荷侧隔离开关可将该回路断路器和线路转冷备用。

2）母线侧隔离开关需拉开回路断路器并将母线转冷备用；双母线接线可先将该线路倒换至另一条母线，发热的母线隔离开关在以后的母线停役（双母线接线还必须将该回路同时停役）时，进行处理。

3）主变压器侧隔离开关需将该回路断路器和主变压器转冷备用。

4）专用旁路接线中，如果某一回路母线侧或线路侧隔离开关发热，可用旁路替代该线路运行，发热的隔离开关安排停电检修。

39 隔离开关三相分、合闸不同期

异常现象

对隔离开关进行分、合闸操作时，发现隔离开关三相不同期。

异常原因

（1）调整不到位；

（2）长期使用发生位移。

（1）隔离开关三相分、合闸不同期时，应再操作一次；

（2）如重复操作后隔离开关的上述情况仍然存在时，可使用绝缘棒将隔离开关的三相触头顶到位，缺陷可在下一次计划停电时处理；

（3）电动隔离开关在隔离开关的分、合闸操作过程中出现中途停止时，应立即按下"停止"按钮，并切断隔离开关操作电源，迅速手动将隔离开关拉开或合上。事后应汇报上级主管部门，安排检修停电时处理；

（4）如经以上处理后仍无法同期分、合闸，应汇报所属调度及上级主管部门，安排停电检修处理。

40　隔离开关分、合闸不到位

异常现象

对隔离开关进行分、合闸操作时，至少有一相分、合闸不到位。

异常原因

（1）调整不到位；

（2）长期使用发生位移。

处理建议

（1）隔离开关出现分、合闸不到位时应重新操作一次；

（2）重复操作后隔离开关的上述情况依然存在时，可使用绝缘棒将隔离开关的三相触头顶到位，缺陷可在下次计划停电时处理；

（3）电动隔离开关在隔离开关的分、合闸操作过程中出现中途停止时，应立即按下"停止"按钮并切断隔离开关的操作电源，迅速手动将隔离开关拉开或合上，事后应汇报上级主管部门，安排检修停电时处理；

（4）如经以上处理后仍无法操作到位，应汇报所属调度及上级主管部门安排停电检修。

41　母线隔离开关辅助开关触点切换不到位

异常现象

（1）线路送电过程中，当母线侧隔离开关合闸后，监控后台机该线路"保护装置异常""保护装置电压消失"信号不消失，所涉及的备用电源自投装置、按频率自动减负荷装置等自动装置在监控后台机报出的"装置异常""装置电压异常"信号不消失。保护装置及自动装置"告警"指示灯不熄灭，液晶屏中"电压中断"信号不消失。母差保护屏上该线路的隔离开关位置灯不亮。该线路保护及自动装置、测控装置中模拟量中无电压指示。

（2）主变压器送电操作中，当合上母线侧隔离开关后，监控后台机该主变压器某侧的

"复合电压闭锁""电压中断""装置告警"信号不消失，主变压器保护装置"装置告警"灯不熄灭，液晶屏中某侧的"复合电压闭锁""电压中断"信号不消失。母差保护屏上该主变压器隔离开关位置灯不亮。该主变压器保护装置、测控装置中模拟量中无电压指示。

（3）双母线接线，倒母线操作过程中，当某一回路两条母线隔离开关双跨时，监控后台机不报"切换继电器同时动作""互联"信号，母差保护中该回路两条母线隔离开关位置灯不同时点亮。

异常原因

母线隔离开关操作后，隔离开关辅助触点切换不到位。

处理建议

（1）线路、主变压器停、送电或双母线接线倒母线操作过程中，操作母线侧隔离开关后，必须认真检查监控后台机、继电保护及自动装置的相关信号变化情况，一旦发生操作后电压切换不正常或电压中断等现象，应立即停止操作；

（2）对于连杆传动型的隔离开关辅助触点，可采用推合连杆使之转换到位的方法，其他形式传动的隔离开关辅助开关触点转换不到位，可将隔离开关再操作一次；

（3）如隔离开关辅助开关触点转换仍不到位，应将隔离开关恢复原运行状态，停止操作，将情况汇报给所属调度和上级主管部门，由专业人员处理。

42　电压互感器隔离开关辅助开关触点转换不到位

异常现象

（1）母线电压互感器送电后，监控后台机母线电压指示仍为零，公共测控装置、相关继电保护及自动装置模拟量中电压指示为零；

（2）检查确证母线电压互感器保护、计量回路二次空气开关未跳闸（或熔断器未熔断）。

异常原因

母线电压互感器隔离开关辅助触点转换不到位。

处理建议

（1）对于连杆传动型的隔离开关辅助触点，可采用推合连杆使之转换到位的方法；

（2）其他形式传动的隔离开关辅助开关触点转换不到位，可将隔离开关再操作一次；

（3）如辅助开关触点转换仍不到位，应将隔离开关恢复原运行状态，停止操作，将情况汇报给所属调度及上级主管部门，由专业人员处理。

43　隔离开关绝缘子外伤、硬伤

异常现象

巡视设备时，或者隔离开关清扫时发现隔离开关支持绝缘子或传动绝缘子有裂纹、裙边有轻微外伤或破损。

异常原因

(1) 外力破坏，如重物碰撞或打击等；

(2) 安装不符合要求，承受了超过规定的应力；

(3) 操作方法不对，造成过大的冲击；

(4) 闪络放电。

处理建议

(1) 运行中巡视设备发现隔离开关支柱绝缘子或传动绝缘子有裂纹和裙边有轻微外伤或破损的，应立即汇报所属调度及上级主管部门，尽快处理，在停电处理前应加强监视；

(2) 如专业人员在对隔离开关进行清扫检查时发现隔离开关支柱绝缘子或传动绝缘子有裂纹和裙边有轻微外伤或破损的，应立即更换或做其他处理；

(3) 隔离开关支柱绝缘子或传动绝缘子有裂纹的应禁止操作，与母线连接的隔离开关，其支柱绝缘子或传动绝缘子有裂纹的应尽可能采用母线与回路同时停电的处理方法；

(4) 绝缘子裙边有轻微外伤或破损的，可采用停电后修补、涂 RTV 的手段，外伤或破损严重的应停电更换处理。

44　误拉、合隔离开关

异常现象

倒闸操作中发生误拉、误合隔离开关的现象。

异常原因

(1) 操作人和监护人操作隔离开关前未检查断路器是否在分闸位置，未认真核对设备名称、编号和相关设备状态，未认真执行监护复诵制；

(2) 单人操作，或监护人和操作人一起操作，失去监护；

(3) 操作前未认真进行模拟预演，未使用存有正解操作顺序的电脑钥匙。

处理建议

(1) 一旦发生误拉隔离开关的情况，触头刚分开时，发现有异常电弧，则应立即合上，防止由于电弧短路造成事故。但如果已将隔离开关拉开，则禁止再将被误拉开的隔离开关合上。

(2) 误合隔离开关，不论何种情况，都不准再将误合的隔离开关拉开；如确需拉开，则应汇报所属调度使用该回路断路器将负荷切断或采用倒母线方式将回路停电后，再拉开误合的隔离开关。

第三章

GIS设备异常分析及处理

45 GIS设备补充SF$_6$气体或压力降低

异常现象

预告警报响，监控后台机发出GIS某间隔"补充SF$_6$气体"或"压力降低"信号，GIS设备某间隔汇控柜某气室告警灯亮，GIS设备某气室SF$_6$压力表指示低于"补充SF$_6$气体"（或"压力降低"）报警值。

异常原因

(1) 环境温度低；

(2) GIS设备制造厂的制造车间或安装现场清洁度差，使得金属微粒、粉末和尘埃、杂物落在各气室连接处，未清扫干净，长期运行造成漏气；

(3) 制造厂或现场装配误差大，可动元件与固定元件发生摩擦，产生金属粉末残留在各气室连接处，未清理干净，长期运行造成漏气；

(4) 现场安装人员不遵守工艺规程，使得各气室连接件表面有划痕、凹凸不平之处而未处理；

(5) 制造厂装配过程中，或现场安装过程中错装、漏装，如屏蔽罩各连接法兰螺栓、垫圈漏装或紧固力度不够、不均匀；

(6) 材料选择不当，有砂眼；

(7) 密度继电器失灵；

(8) 表计指示有误。

处理建议

(1) 当运维人员看到GIS设备任一间隔发出"补充SF$_6$气体"（或"压力降低"）信号时，允许设备保持原运行状态；

(2) 立即赶赴现场，认真检查该间隔汇控柜和各气室SF$_6$压力表，判明哪一气室需补气；

(3) 检查应由两人进行，单人不得留在SF$_6$高压设备室内；

(4) 室外应从上风头接近设备，并判断无明显漏气现象方可接近设备进行检查；

(5) 室内应先通风15min，如有含氧量检测仪的应在测量含氧量合格（浓度大于18%）后方可进入高压室进行检查；

（6）立即填报缺陷，上报上级主管部门，通知专业人员处理，并根据要求做好安全措施；

（7）检查中如发现有刺激性气味或"嗞嗞"声，全体人员应立即撤离现场，如为室内设备，应立即投入所有通风设备，汇报所属调度及上级主管部门，及时转移负荷或改变运行方式，将故障气室或间隔停电（此时断路器还有灭弧能力），由专业人员处理。

46　GIS 设备 SF_6 气室紧急隔离或压力异常闭锁

异常现象

预告警报响，监控后台机发出 GIS 某间隔"补充 SF_6 气体"或"压力降低"信号的同时，又发出" SF_6 气室紧急隔离"或"压力异常闭锁"信号，GIS 设备某间隔汇控柜某气室告警灯亮，GIS 某间隔某气室 SF_6 压力表指示已低于" SF_6 气室紧急隔离"或"压力异常闭锁"告警值。

异常原因

（1）GIS 设备制造厂的制造车间或安装现场清洁度差，使得金属微粒、粉末和尘埃、杂物落在各气室连接处，未清扫干净，长期运行造成漏气；

（2）制造厂或现场装配误差大，可动元件与固定元件发生摩擦，产生金属粉末残留在各气室连接处，未清理干净，长期运行造成漏气；

（3）现场安装人员不遵守工艺规程，使得各气室连接件表面有划痕、凹凸不平之处而未处理；

（4）制造厂装配过程中，或者现场安装过程中错装、漏装，如屏蔽罩各连接法兰螺栓、垫圈漏装或紧固力度不够、不均匀；

（5）材料选择不当，硬度不够或有砂眼。

处理建议

（1）此时应立即汇报所属调度，此间隔可能发生大量漏气现象，不允许继续运行，同时此间隔任何设备禁止操作。

（2）全体人员立即撤离现场，如为室内设备，应立即投入全部通风设备。

（3）断开该间隔设备操作电源，汇报上级主管部门。

（4）根据所属调度命令，断开与该间隔相连接的断路器，将该间隔与带电部分隔离。

（5）4 小时内任何人进入 GIS 室必须穿防护服，戴防护手套及防毒面具。4 小时后进入 GIS 室内虽可不用上述措施，但清扫设备时仍需采用上述安全措施。

（6）15min 内只准抢救人员进入 GIS 室，若故障时有人被外逸气体侵袭，应立即送医院诊治。

（7）防毒面具、塑料手套、橡皮靴及其他防护用品使用后必须用肥皂洗涤后晾干，防止低氟化合物的剧毒伤害人身，并应定期检查试验，使其经常处于备用状态。

第四章

变压器异常分析及处理

47 变压器声音异常

异常现象

巡视设备，发现运行中的变压器发出的不是均匀的"嗡嗡"声，而是产生了不均匀声或其他响声。

异常原因

（1）运行中的变压器发出短时的"哇哇"声，原因有：

1）电网过电压，如中性点不接地系统发生单相接地或产生谐振过电压；

2）大动力设备（如电弧炉、大电机等）启动，负荷突然增大，因高次谐波作用产生。

（2）运行中的变压器发出了较高且沉闷的"嗡嗡"声，原因是变压器过负荷，由于电流大，铁芯振动力增大。

（3）运行中的变压器发出了比平时大而均匀的"嗡嗡"声，原因有：

1）电网过电压；

2）变压器过负荷，负载变化较大（如大电机、电弧炉等）、谐波或直流偏磁。

（4）运行中的变压器产生了机械撞击声或摩擦声，原因有：

1）运行中有"叮当"声，可能是散热器螺栓松动或有载调压机构连杆振动所致，也可能是由于有载调压机构箱或端子箱与变压器连接松动；

2）风扇或油泵运行中声音过大或有摩擦声，可能是由于风扇或油泵轴承损坏或偏移造成。

（5）运行中的变压器发出比平时大或听到其他明显杂声，原因有：

1）变压器铁芯穿芯螺栓松动，硅钢片间产生振动；

2）变压器内部绑扎松动或张力变化，硅钢片振动增大；

3）变压器内部有"叮当"声，可能是负荷突变，个别零件松动所致；

4）变压器内部有"嘤嘤"声，可能是轻负荷时，某些离开叠层的硅钢片振动所致。

（6）运行中的变压器发生连续的"吱吱"放电声，原因有：

1）引出线套管裙边对地电场强度较大，对外壳放电，引出线对外壳放电；

2）变压器内部放电，如有线圈对外壳放电；铁芯接地线断线，使铁芯对外壳感应高电压放电；分接开关接触不良放电。

（7）变压器运行声音中夹杂有"噼啪"声，原因有：

1）变压器内部发生局部放电；

2）变压器外表面发生局部放电，此种情况，在夜间或阴雨天可以在变压器瓷套管附近看到蓝色的电晕或火花，说明瓷套管绝缘污秽严重或引线接触不良。

（8）运行中的变压器有水沸腾声，且温度急剧上升，油位升高，原因有：

1）变压器绕组发生短路故障；

2）分接开关因接触不良引起严重过热。

（9）运行中变压器声音中夹杂有不均匀的爆裂声，原因有：

1）变压器内部绝缘击穿；

2）表面绝缘击穿。

处理建议

（1）发现变压器声音与平时不同时，应立即引起警觉。

（2）仔细倾听，判明发生异常声音的部位。可用听筒贴近变压器，无听筒时，可用木棒一端贴近耳朵，一端抵在变压器外壳上，仔细听变压器内部发生的声音。

（3）检查变压器的运行电压、负荷电流、温度油位和油色有无变化，监控系统有无其它信号同时发出。

（4）根据以上检查，分别情况进行处理。

（5）声音有以下异常，应加强监视，汇报所属调度，增加特巡次数：

1）运行中的变压器发出短时的"哇哇"声，与此同时，监控后台机发出了中性点不接地系统单相接地或系统电压异常升高信号，或者变压器及所带某条出线电流负荷异常摆动情况；

2）运行中的变压器发出了较高且沉闷的"嗡嗡"声，同时变压器有"过负荷"信号发出；

3）运行中的变压器发出了比平时大而均匀的"嗡嗡"声，与此同时，监控后台机指示系统电压异常升高，或者中性点不接地系统有接地信号发出，或者变压器某侧及所带某条出线负荷电流异常升高，有"过负荷"信号发出；

4）变压器外部发出机械撞击或摩擦声。

（6）声音有以下异常时，应立即汇报所属调度及上级主管部门，将变压器退出运行，做好安全措施，交专业人员处理：

1）声音较大而且嘈杂；

2）变压器音响明显增大，内部有爆裂声；

3）变压器器身或套管发生表面局部放电，音响夹有放电的"吱吱"声；

4）变压器内部局部放电或接触不良而发出的"吱吱"声或"噼啪"声；

5）音响中夹有水的沸腾声；

6）音响中夹有爆裂声，即大且不均匀；

7）内部发出的响声中夹有连续的、有规律的撞击声或摩擦声。

48 变压器本体油箱油位过高或冒油

异常现象

（1）巡视设备时发现变压器本体油枕油标管或油位计指示油位过高；

（2）巡视设备发现变压器本体油枕油标管冒油，附近架构上、地面能看到油迹。

（1）加油过多，气温升高时造成油位过高。

（2）假油位，如变压器温度变化正常，而油位不正常或不随着温度变化，则说明油枕油位是假的。原因有：

1）呼吸器堵塞；

2）防爆管通气孔堵塞；

3）油标管堵塞或油位计指针损坏、失灵；

4）全密封油枕未按全密封方式加油，在胶囊袋与油面之间有空气（存在气压）。

（1）立即检查变压器负荷和上层油温及绕组温度，如为变压器负荷增大致使上层油温升高油位上升，应查出过载线路，汇报所属调度转移负荷或减负荷，同时对变压器引线接头、过载线路的触头和引线接头加强红外测温；如是变压器过负荷所致，应按现场规程计算出过载倍数和允许时间，查出过载线路，汇报所属调度，同时应立即开启所有冷却器（室内应开启通风装置）为变压器降温，加强监视，加强红外测温。

（2）如果变压器负荷正常，温度变化正常，可能是假油位。此时应检查变压器本体呼吸器是否堵塞、有无漏油现象，检查油位计是否损坏、失灵，查明原因汇报所属调度及上级主管部门。当油位计油面异常升高或呼吸系统有异常，需要打开呼吸器和疏通油位计时，应先将重瓦斯保护改接信号。

（3）变压器油位因温度上升而高出油位指示极限或冒油，经查明不是假油位所致时，则应先将重瓦斯保护改接信号然后放油，使油位降至当时油温相对应的高度。

49 变压器有载调压油箱油位过高或冒油

巡视设备发现变压器有载调压油箱油位过高，或出现油位计冒油现象。

（1）加油过多，气温升高时造成油位过高。

（2）内部渗漏，主变压器本体的油渗漏到有载调压分接开关油箱内部。

（3）假油位。如变压器温度变化正常，而油位不正常或不随温度变化，则说明油箱油位是假油位，原因有：

1）呼吸器堵塞；

2）油标管堵塞或油位计指针损坏、失灵；

3）全密封油枕未按全密封方式加油，在胶囊袋与油面之间有空气（存在气压）。

（1）检查有载调压油箱呼吸器是否堵塞、有无渗漏现象，油位计是否有异常，查明原因，汇报所属调度及上级主管部门。当油位计的油面异常升高或呼吸系统有异常，需打开呼吸器、疏通油位计，打开放气或放油阀时，应先将重瓦斯保护改接信号。

（2）如果是因为环境温度过高致使有载调压分接开关油箱油位过高，高出油位指示极限，经查明不是假油位所致时，应先将有载调压重瓦斯保护改接信号，再放油，使油位降至与当时环境温度相对应的高度。

（3）若主油箱油位异常低，而有载调压油箱油位异常高，可能是主油箱与有载调压油箱之间密封损坏，造成主油箱的油向调压油箱内漏，应立即汇报所属调度及上级主管部门，停电处理。

50 变压器本体油枕油位过低

异常现象

巡视设备发现变压器本体油枕油位过低。

异常原因

（1）变压器严重漏油或长期渗漏油；

（2）设计制造不当，油枕容量与变压器油箱容量配合不当（一般油枕容积应为变压器油量的 8%～10%），环境温度过低时造成油位过低；

（3）未按照标准温度曲线加油；

（4）检修试验人员因工作多次放油后没有及时补油。

处理建议

（1）应立即检查变压器的负荷、温度情况，并对变压器加强监视。

（2）检查变压器是否有漏油现象，如变压器油位异常降低是由漏油引起，则需迅速采取防止漏油措施，并立即通知有关部门安排处理。如大量漏油使油位显著降低时，禁止将本体重瓦斯保护改接信号，并尽快将变压器停运处理。

（3）变压器本体无渗漏油，且有载调压油箱油位正常，则可能是属于大修后注油不足（通检查大修后的巡视记录与当前油位进行对比），应带电加油。加油前应将本体重瓦斯保护改接信号。

（4）若变压器主油箱油位异常低，而有载调压油箱油位异常高，可能是主油箱与有载调压油箱之间密封损坏，造成主油箱油向调压油箱内漏，可以考虑停电处理。

（5）变压器中的油因低温凝滞时，应不投冷却器空载运行，同时监视顶层油温，逐步增加负荷，直至投入相应数量冷却器，转入正常运行。

51 变压器有载调压油箱油位过低

异常现象

巡视设备发现，变压器有载调压油箱油位过低。

(1) 变压器有载调压系统严重漏油或长期渗漏油；

(2) 未按照标准温度曲线加油；

(3) 设计制造不当，有载调压油枕容量太小，环境气温过低时造成油位过低；

(4) 检修试验人员因工作多次放油后没有及时补油。

处理建议

(1) 当发现变压器有载调压油位过低时，应立即对变压器有载调压系统进行检查，加强监视。

(2) 若油位异常降低是由于变压器有载调压系统漏油引起的，则应迅速采取防止漏油的措施，并立即通知有关部门安排处理。如大量漏油使有载调压油箱油位显著降低时，应禁止对有载调压装置进行调整分接头的操作，禁止将有载调压重瓦斯保护改接信号，并应尽快将变压器停运处理。

(3) 若变压器有载调压系统无渗漏，本体油箱油位正常，则可能是属于大修后注油不足（通过检查大修后的巡视记录与当前油位进行对比），应带电加油，加油前应将有载调压重瓦斯保护改接信号。

52 变压器套管油位过低

异常现象

巡视设备发现，主变压器某侧套管油位过低。

异常原因

(1) 套管外部有油迹，则是由于套管密封不严，套管渗漏油；

(2) 套管外部无油迹，可能是套管与油箱之间密封不严，套管油渗漏到油箱中；

(3) 套管安装时加油不足，气温降低时油位过低。

处理建议

(1) 套管严重漏油或瓷套破裂时，变压器应立即停运，经电气试验合格后方可将变压器投入运行。

(2) 套管油位异常下降，确认套管发生内漏（即套管油与变压器油已连通），应安排停电处理。如油标管中已看不到油位，应立即将变压器退出运行，进行处理。

53 变压器温度异常升高

异常现象

(1) 巡视设备发现，主变压器顶层油温异常升高，超过制造厂规定或大于 75℃。

(2) 监控后台机报出主变压器"油温高"或主变压器"绕组温度高"信号，处于辅助状态的冷却器已启动。

（1）铁芯局部过热。由于外力损伤或绝缘老化使硅钢片间的绝缘损坏，会形成涡流造成局部过热。另外，铁芯穿芯螺杆绝缘损坏会造成短路，短路电流也会使铁芯局部过热。

（2）线圈过热。相邻几个线圈匝间的绝缘损坏，将形成一个闭合的短路环流，同时，使一相的绕组匝数减少。在短路环流内的交变磁通会感应出短路电流并产生高温。引起匝间短路的原因，常见的有线圈导线有毛刺或制造过程中绝缘机械损坏、绝缘老化或油中杂物堵塞油道产生高温损坏绝缘，穿越性短路故障，线圈轴向、幅向位移磨损绝缘等。

（3）分接开关过热。分接开关接触不良，接触电阻过大，易造成局部过热。分接开关接触不良最容易在大修或切换分接头后发生，穿越性故障后可能烧伤接触面。调整分接开关或变压器过负荷时应特别注意分接开关局部过热问题。分接开关接触不良的原因有：

1）触点压力不够；

2）动、静触头间有油泥膜；

3）接触面有烧伤；

4）定位指示与开关接触位置不对应；

5）DW 型、鼓型分接开关几个接触环与接触柱不同时接触。

（4）其他部分过热。接头过热、因压环螺钉绝缘损坏或压环触碰铁芯造成环漏磁使铁芯涡流增大等引起的过热。

（5）变压器过负荷引起。

（6）环境温度过高引起。

（7）冷却装置故障或冷却电源消失引起。

（8）测温装置故障引起。

（1）巡视检查变压器时，应记录环境温度、负荷情况和上层油温，并与同样条件下的油温相对照。

（2）核对温度测量装置，若远方测温装置发出温度告警信号，且指示温度值很高，而现场温度值并不高，变压器又没有其他故障现象，可能是远方测温回路故障误告警，这类故障应报缺陷消除。

（3）检查变压器冷却装置和变压器室的通风情况。

（4）若温度升高的原因，是由于冷却系统故障，且运行中无法修理者，应将变压器停运处理；若不能立即停运修理，则应将变压器的负载调整至规程规定的允许运行温度下的相应容量。

（5）检查潜油泵开启情况时不得转动阀门开关，若需打开阀门时，应先申请所属调度将重瓦斯保护退出运行。打开阀门运行无异常后，再投入重瓦斯保护。

（6）在正常负荷和冷却条件下，变压器温度不正常并不断上升，且经检查证明温度指示正确，应结合油位变化和声音综合判断，认为变压器已发生内部故障时，应立即将变压器停运。

（7）若由于变压器过负荷引起，应准确计算过负荷倍数和时间，并汇报所属调度调整负荷，同时开启所有冷却器降温。

（8）开启冷却器潜油泵时，两组潜油泵启动时间应间隔 3min 以上，特别要注意控制装置带有延时时，先投入第一时间启动的油泵电源，后投入延时启动的油泵电源，避免潜油泵同时启动油流冲击造成重瓦斯保护跳闸。

（9）变压器在各种超额定电流方式下运行时，若油温持续上升应立即向调度部门汇报，一般顶层油温不应超过 105℃。

54　变压器油色异常

异常现象

巡视设备发现变压器本体或有载调压装置或套管油色变深（正常时为淡黄色）或油中有杂质。

异常原因

（1）变压器油质劣化；

（2）变压器油中杂质、氧化物增多；

（3）变压器内部存在局部过热。

处理建议

（1）汇报所属调度及上级主管部门，填报缺陷，按缺陷管理程序安排处理；

（2）对该变压器加强监视，缩短巡视周期。

55　变压器呼吸器硅胶变色

异常现象

巡视设备发现变压器本体或有载调压装置呼吸器硅胶全部或部分变成粉红色。

异常原因

（1）长时间阴雨天气，空气湿度较大，因吸湿量大而过快变色；

（2）呼吸器容量过小；

（3）硅胶玻璃罩有裂纹、破损；

（4）呼吸器下部油封罩内无油或油位过低，起不到良好的油封作用，使湿气未经油滤而直接进入硅胶罐内；

（5）呼吸器安装不良，如胶垫龟裂不合格、螺栓松动、安装不密封等。

处理建议

（1）正常运行中，呼吸器硅胶会从下部开始变色，当呼吸器硅胶变色达 2/3 时，运维人员应通知专业人员更换或自行带电更换；

（2）如果呼吸器内的上层硅胶先变色时，则可判定呼吸器密封不良，应进行检查并通知专业人员处理。

56 变压器引线或引线线夹处过热变色

异常现象

（1）巡视设备时发现，变压器引线接头线夹处颜色变暗失去光泽，有时会有焦臭味；

（2）远红外测温时发现变压器引线接头线夹处过热，温度已达 70℃以上。

异常原因

套管引线端紧固部分松动或引线接头线夹紧固件滑牙等，接触面氧化严重，使接触部分过热，颜色变暗失去光泽，表面镀层也会遭到破坏。温度很高时，会产生焦臭味。

处理建议

（1）立即用红外成像仪进行测温，确认引线接头过热。

（2）汇报所属调度，减小负荷，有备用变压器的先投入备用变压器，将故障变压器退出运行。无备用变压器的也应尽快将负荷倒出后，停电处理。

57 变压器气味异常

异常现象

巡视设备时发现，运行中的变压器附近有异常气味。

异常原因

（1）套管、绝缘子污秽或者损伤严重，闪络时会产生一种特殊的臭氧味；

（2）变压器过热，包括本体过热或引线接线夹过热，可能会有焦臭味。

处理建议

（1）巡视检查运行中的变压器时，如发现臭氧味，应用望远镜仔细观察变压器各侧套管、绝缘子是否有闪络、放电痕迹，如有，应立即汇报所属调度，将变压器退出运行，由专业人员更换或处理；

（2）巡视检查运行中的变压器，发现有焦臭味，同时伴随着引线接头接线夹处颜色变暗失去光泽，红外测温也发现该处温度已达 70℃以上，可基本确定焦臭味是由变压器引线接头接线夹过热引起，应立即汇报所属调度停电处理；

（3）巡视检查运行中的变压器，发现有焦臭味，同时主变压器有过热现象，应立即开启所有散热器，汇报所属调度，将变压器负荷倒出，停电处理。

58 变压器渗漏油

异常现象

巡视设备发现变压器高压套管升高座法兰、油箱外表面、油箱底盘大法兰等焊接处，高压套管基座电流互感器出线桩头胶垫处、小套管，阀门系统、蝶阀、放油阀螺纹处等有渗漏油现象。

异常原因

（1）胶垫不密封造成渗漏：一般胶垫应保持压缩 2/3 时仍有一定的弹性，随运行时间、温度、振动等因素，胶垫易老化龟裂失去弹性；胶垫材质不合格，安装位置不对称，偏心也会造成胶垫不密封。

（2）阀门系统、蝶阀胶垫材质不良，安装不良，放油阀精度不高导致螺纹处渗漏。

（3）高压套管基座电流互感器出线桩头胶垫处不密封或无弹性，造成接线桩头胶垫处渗漏。小绝缘子破裂，造成渗漏油。

（4）设计制造不良。高压套管升高座法兰、油箱外表面、油箱底盘大法兰等焊接处，因有的法兰材料太薄，加工粗糙而造成渗漏油。

处理建议

（1）油泵负压区密封不良，容易造成变压器进水、进气受潮和轻瓦斯保护发出动作信号，应立即停用该油泵，并进行处理；

（2）主变压器外壳渗油应加强监视，注意油位的变化和渗漏程度的发展，报相关管理部门安排计划，由专业人员处理；

（3）高压套管处渗油，应检查套管油位，尽快将变压器停用处理。

59 变压器压力释放器冒油、溢油

异常现象

巡视设备时发现，正常运行中的变压器，压力释放器有溢油现象，且监控后台机、主变压器非电量保护装置均有"压力释放器动作"信号发出。

异常原因

（1）油量过多；

（2）环境温度高。

处理建议

（1）检查压力释放器的密封是否良好；

（2）检查变压器本体与储油柜连接阀是否已开启，呼吸器是否畅通，储油柜内有无气体，防止由于假油位引起压力释放器动作；

（3）压力释放器冒油或溢油，而变压器的气体继电器和差动保护等保护未动作时，应立即汇报相关管理部门，由专业人员取变压器本体油样进行色谱分析。

60 变压器防爆管防爆膜破裂

异常现象

巡视设备发现，变压器防爆管及其附近有油迹，防爆管防爆膜已破裂。

（1）防爆膜材质或玻璃选择、处理不当。如材质未经压力试验，玻璃未经退火处理，由于自身内应力的不均匀而导致破裂。

（2）防爆膜及法兰加工不精密，不平整、装置结构不合理，检修人员安装防爆膜时工艺不符合要求，紧固螺钉受力不均匀，接触面无弹性造成。

（3）呼吸器堵塞或抽真空充氮气情况下操作不慎使之承受压力而破损。

（4）受外力或自然灾害袭击。

（5）变压器发生内部故障。

处理建议

防爆管防爆膜破裂，会引起水或潮气进入变压器内，导致绝缘油乳化及变压器的绝缘强度降低。所以当发现防爆管防爆膜破裂应查明原因，汇报所属调度及相关管理部门，将变压器停运，由专业人员处理。

61　变压器套管闪络放电

异常现象

巡视设备发现，变压器某侧高压套管有闪络、放电痕迹、现象。

异常原因

（1）套管表面脏污。如在阴雨天粉尘污秽等会引起套管表面绝缘强度降低，就容易发生闪络事故。如果套管制作不良，表面不光洁，在运行中会因电场不均匀而发生放电。尤其是制造质量不良的套管过脏，在阴雨天吸取污水后，导电性能增大，使泄漏电流增加，引起套管发热，则可能使套管内部产生裂缝而导致击穿。

（2）高压套管制造过程中末屏接地焊接不良形成绝缘损坏，或末屏接地出线的绝缘子中心轴与接地螺套不同心，造成接触不良或末屏不接地，也有可能导致电位升高而逐步损坏。

（3）系统出现内部或外部过电压，套管制造有隐患而未能查出（如套管干燥不足，运行一段时间后出现介损上升），油质劣化等共同作用。

处理建议

套管闪络放电会造成发热，导致绝缘老化受损，甚至引起爆炸。发现套管闪络放电，应立即将变压器退出运行。

62　变压器有载分接开关异常

异常现象

运维人员在巡视检查变压器时，发现变压器有载调压油箱上部有放电声，监控后台机变压器电流指示围绕某一值来回变动，有载分接开关瓦斯保护可能发信号。

有载分接开关故障。

（1）立即将故障现象汇报所属调度和相关管理部门，建议立即将该故障变压器退出运行；

（2）将该故障变压器退出运行，交专业人员试验、处理。

63 变压器有载分接开关拒动

运维人员或监控人员在操作变压器有载分接开关时，发出有载分接开关两个方向拒动或一个方向可以运转，另一个方向拒动。

（1）如电机转动，有载分接开关拒动，则可能是频繁多次调压操作，使涡轮与连接套上的连接插销脱落；

（2）如电机不转，可能有下列原因：

1）有载调压开关在极限位置（最高挡或最低挡），机械极限闭锁操作；

2）有载调压开关挡位机械闭锁装置卡死；

3）操作控制回路电源熔断器熔断、电源空气开关跳闸或接触不良；

4）操作控制二次回路断线、接触器烧坏；

5）电机交流电源未送上或电机烧坏。

（1）两个方向拒动，应进行以下检查：

1）有无操作电源，空气开关是否跳闸或转换开关未合上（SYXZ 型）；

2）三相电源是否缺相；

3）操作电源电压是否过低；

4）控制回路是否有熔丝熔断、导线断头、零件拆除等情况。

检查处理中应有专人监护，操作人员应穿绝缘鞋或站在干燥的木板（绝缘板）上进行，接触设备导电部分前应先验电，确认无电后再进行工作；检查处理有载分接开关电源故障或更换熔断器时，应断开电源开关；电动操作前，必须确认无人在设备上工作。

如果电源故障能处理的应立即处理，不能处理的应汇报相关管理部门，由专业人员处理。

（2）一个方向可以运转，另一个方向拒动时，应汇报相关管理部门，由专业人员处理。

（3）检查过程中，应通过手动或电动调节使并列运行的主变压器分接头挡位一致，如不能调整，应汇报所属调度后停电处理。

64　变压器有载分接开关操作时发生连动

异常现象

监控人员、运维人员在就地或远方对变压器有载分接开关进行操作时发生连动现象。

异常原因

有载调压分接开关机构内部发生故障。

处理建议

（1）立即按下"急停"按钮或断开调压电动机电源，时间应选在刚好一个挡位调整的动作完成时，或在终点挡位时；

（2）断开操作电源；

（3）使用操作手柄，手动调整到适当的挡位，并使并列运行的主变压器分接头挡位一致；

（4）汇报相关管理部门，通知专业人员进行处理；

（5）调整过程中，应仔细倾听调压装置内部有无异常，如有异常，应立即汇报所属调度，倒出负荷，将变压器停电检修。

65　变压器有载分接开关操作中停止

异常现象

运维人员或监控人员在进行变压器有载分接开关操作中，发现有载分接开关停止运转。

异常原因

（1）有载调压机构电机突然断电，或缺相；

（2）有载分接开关机构故障。

处理建议

（1）立即赴现场检查分接开关是否停在过渡位置；

（2）如停在过渡位置应立即断开操作电源，手机调整分接头位置到位，并使并列运行的主变压器分接头挡位一致；

（3）汇报相关管理部门，报缺陷，安排停电处理。

66　变压器有载分接开关慢动

异常现象

（1）运维人员或监控人员远方遥调主变压器分接开关时，看到分接开关位置变换比平时慢，监控后台机上，该变压器高压侧电流指示逐渐变小，且大幅度波动；

（2）运维人员就地电动调整或检查主变压器有载分接开关时，发现分接开关调整速度较平时慢，分接开关顶部冒烟或有异常气味和响声。

异常原因

（1）变压器有载分接开关传动机构异常；

（2）变压器有载分接开关电机控制回路或电源回路异常。

处理建议

分接开关慢动，将可能烧毁过渡电阻，导致分接开关顶盖冒烟，分接开关的气体继电器动作。因此，如发现分接开关慢动，应立即停止下一次调档，将与之并列的主变压器分接开关调整至同一档位。汇报所属调度及相关管理部门，将该主变压器停运，由专业人员处理。

67 变压器有载调压装置机械故障，致使有载分接开关拒动

异常现象

（1）在监控后台机遥调变压器有载分接开关，发现调压指示灯亮，变压器输出电压不变化，分接开关挡位指示也不变化；

（2）现场就地电动调压，发现调压指示灯亮，分接开关挡位指示不变化；

（3）现场就地手动调压，发现分接开关挡位指示不变化。

异常原因

调压机构与分接开关之间的传动杆销子脱落。

处理建议

（1）立即停止调压操作，断开调压机构电机电源和控制电源；

（2）调整与故障变压器并列运行的其他主变压器分接头，保证与故障主变压器位置一致；

（3）汇报所属调度和相关管理部门，由专业人员处理。

68 变压器分接开关实际位置与指示位置不一致

异常现象

巡视设备发现，监控后台机主变压器分接头位置指示与实际位置不符。

异常原因

（1）监控后台机主变压器分接开关监控回路故障；

（2）监控后台机主变压器分接开关监控回路与现场分接开关控制、信号回路断线。

（1）电话联系调控中心，询问调控中心监控系统该主变压器分接开关位置，是否与变电站监控后台机及实际位置一致；

（2）汇报所属调度及相关管理部门，由专业人员处理。

69　变压器一台风扇或油泵停止运行

异常现象

（1）监控后台机告警，发出"备用冷却器启动"信号；

（2）运维人员现场检查发现，置于"工作"位置的一台风扇或油泵停止运行，置于"备用"位置的冷却器开始运行。

异常原因

（1）风扇不转的原因：

1）风扇电动机过载造成热继电器动作；

2）风扇热继电器整定值过小；

3）风扇电源断线；

4）风扇机械故障。

（2）油泵停转的原因：

1）电机故障（缺相或断线）；

2）油泵本身机械故障或过载造成热继电器动作；

3）散热器阀门未打开造成电机过载。

处理建议

（1）检查主变压器风冷控制箱内故障风扇或油泵的热继电器是否动作；

（2）如果热继电器动作，可按复归按钮复归热继电器，检查该风扇或油泵运行正常；

（3）如热继电器再次动作或运行一段时间后又动作，应将该组冷却器退出运行，同时将正在运行的备用冷却器状态选择把手置于"工作"位置，汇报相关管理部门，由专业人员处理。

70　主变压器冷却装置全部停运

异常现象

（1）监控后台机告警，发出"冷却装置全停"或"冷却装置失电"信号；

（2）运维人员现场检查发现，主变压器冷却装置全部停运。

异常原因

（1）冷却装置控制回路继电器故障；

（2）冷却装置控制回路电源消失；

（3）冷却装置动力电源消失；

（4）冷却装置回路绝缘损坏，冷却装置空气断路器跳闸；

（5）一组冷却装置电源故障后，备用冷却装置电源由于自动切换回路问题而不能自动投入。

处理建议

（1）冷却系统全停时，应立即汇报所属调度及相关管理部门，查明原因，恢复冷却系统运行，同时注意监视、控制主变压器上层油温和允许运行时间。

1）当冷却系统发生故障切除全部冷却器时，强油风冷变压器在额定负载下允许运行时间不大于20min。

2）当油面温度尚未达到75℃时，允许上升到75℃，但冷却器全停的运行时间不得超过1h。

3）自然循环自冷、风冷变压器冷却介质最高温度不超过40℃，最高顶层油温不超过95℃；强迫油循环风冷变压器冷却介质最高温度不超过40℃，最高顶层油温不超过85℃；强迫油循环水冷变压器冷却介质最高温度不超过30℃，最高顶层油温不超过70℃。

（2）此时不仅要监视油温、负荷，还应注意变压器运行的其他变化，如声音、油位、油色等，综合判断变压器的运行状态。

（3）将冷却装置运行状态由"自动"切换至"手动"，检查冷却装置是否恢复运行，如恢复运行则是控制回路问题，应按缺陷管理流程报缺陷处理；同时监视主变压器负荷和温度情况，根据主变压器负荷和温度投切冷却装置。如不能恢复运行，应继续查找冷却装置电源是否正常。

（4）如电源指示灯不亮，则是电源故障，或者是工作电源故障后，备用电源自动投入装置未启动。可切换风冷控制箱内电源切换把手，如切换后备用电源能投入，则先恢复冷却装置运行，再查找工作电源故障原因（如熔断器是否熔断，导线是否接触不良或断线等）。

（5）如两组工作电源均失电，应检查风冷控制箱内和低压配电柜内风冷电源熔断器是否熔断，导线是否接触不良或断线，站用电源是否正常等，查明故障点，迅速处理。如电源已恢复正常，风扇或潜油泵仍不能运转，则可按动热继电器复归按钮试送一下。如电源故障一时来不及恢复，且变压器负荷又很大，可采用临时电源使冷却装置先运行起来，再检查和处理电源故障。

（6）检查冷却装置电源故障，应有专人监护，操作人员应穿绝缘鞋或站在干燥的木板（绝缘板）上进行。检查冷却装置电源故障或更换熔断器时，应断开电源开关；接触设备导电部分前应先验电，确认无电后再进行工作，并禁止直接断开运行中的风扇或油泵熔断器，防止造成交、直流回路短路。

71 变压器冷却器油流指示异常

异常现象

（1）运行中变压器温度不断上升；

（2）风扇运行正常，变压器油流继电器指示在停止位置；

（3）如果是管道堵塞（油循环管道阀门未打开），将会发"油流故障"信号，油泵热继电器将动作。

异常原因

（1）油流指示器故障；

（2）油泵停转，原因主要有：

1）油泵电机故障（缺相或断线）；

2）油泵本身机械故障或过载造成热继电器动作；

3）由于散热器阀门未打开造成电机过载。

处理建议

（1）出现变压器潜油泵油流故障现象，应启动备用冷却器。

（2）检查故障冷却器油泵和油流指示器是否完好，如属于油泵故障，该组冷却器在故障处理前不得再投入运行，应汇报上级相关管理部门，由专业人员处理。如属于油流指示器故障，则冷却器可运行，指示器故障应按缺陷管理流程报缺陷处理。

（3）检查潜油泵电源接线是否正确，其回路是否有断线现象。如交流回路断线，运维人员能处理的应立即处理，不能处理的应按缺陷管理流程报缺陷，由专业人员处理。

（4）检查潜油泵控制回路是否有故障，如热继电器是否动作，如动作可复归后试送一次，再次动作不得再送，应汇报相关管理部门，由专业人员处理。

（5）检查油路阀门位置是否正常，油路有无异常。如油路阀门未打开，造成油路不通，应汇报所属调度，将重瓦斯保护改接信号位置，打开油路阀门。打开阀门无异常后，再投入重瓦斯保护。

72 变压器散热器渗漏油

异常现象

巡视设备发现，变压器散热器有渗漏油现象。

异常原因

变压器散热器有砂眼，或焊缝开裂。

处理建议

（1）密切注意主变压器油位变化；

（2）临时采取堵漏油措施；

（3）按缺陷管理流程报缺陷，由专业人员处理；

（4）严重漏油时，应汇报所属调度及相关管理部门，将变压器负荷倒出，退出运行，由专业人员处理。

73　变压器散热器表面油垢严重

异常现象

巡视设备发现变压器散热器表面油垢严重。

异常原因

(1) 散热器表面存在砂眼，长期渗油；
(2) 变压器其他部位渗漏油，飘到或落到散热器上；
(3) 附近有污染源。

处理建议

(1) 应汇报相关管理部门，由专业人员清扫散热器表面，改善散热效果；
(2) 缩短附近有污染源的变压器散热器带电水冲洗周期。

74　变压器强油冷却装置过热、振动、有杂音及严重渗漏油、漏气

异常现象

巡视设备发现，变压器运行中的强油冷却装置出现过热、振动、有杂音及严重渗漏油、漏气现象。

异常原因

该组强油冷却器已经出现故障，无法正常运行。

处理建议

在允许的条件下将该组冷却器退出运行，汇报相关管理部门，由专业人员处理。

75　变压器运行中输出电压过高或过低

异常现象

运维人员或监控人员监盘中发现运行中的变压器输出电压过高或过低。

异常原因

(1) 电源电压过高或过低。
(2) 分接头挡位不正确。
(3) 绕组匝间短路。变压器高压或中、低压侧绕组发生匝间短路，实际上改变了高中、高低压绕组的匝数比，即改变了电压比。

1) 若高压绕组发生匝间短路，一次侧绕组匝数减少，变压器电压比减小，输出电压升高。

2）若中、低压侧绕组发生匝间短路，二、三次侧绕组匝数减少，变压器电压比增加，输出电压降低。

处理建议

（1）发现变压器输出电压过高或过低，应根据系统电压和负荷情况进行综合判断；

（2）如果电源系统电压过高、过低，或由于分接头位置不正确造成输出电压不正常，应退出或投入站内无功补偿设备，或调整有载调压变压器的分接头，调整输出电压；如站内无法调整时，应申请调度进行调整；

（3）若发现变压器输出电压过高或过低的同时，变压器有水沸腾声，或温度较平时高出10℃以上，或油色已明显变暗，说明变压器内部已有短路现象，此时应加强监视，汇报所属调度及相关管理部门，将故障变压器停用，由专业人员进行超声波局部放电、取油样等检查，诊断故障性质，进行有针对性的处理。

76　新投运或检修后的变压器输出电压过低

异常现象

新投运或检修后的变压器送电，带上负荷后，较空载时输出电压降低很多。

异常原因

变压器铁芯或绕组存在某种缺陷，使漏磁阻抗增加，负载电流通过时，电压降低过多。

处理建议

（1）立即停止操作，汇报所属调度及相关管理部门；

（2）将故障变压器退出运行，由专业人员处理。

77　变压器三相电压不平衡

异常现象

监控人员、运维人员在监盘过程中发现变压器输出电压三相不平衡的同时，出现了三相电流不平衡、中性点电压偏移、零序保护发出信号等现象。

异常原因

（1）有大容量单相负载投运造成三相负载不对称；

（2）线路断线造成三相负载不对称。

处理建议

立即汇报所属调度，调整负荷。

78 变压器正常过负荷

异 常 现 象

监控人员、运维人员在监盘时发现，正常运行中的变压器某侧电流超过正常值，某侧过负荷保护动作发出过负荷信号，变压器上层油温逐渐上升，处理辅助位置的冷却器自动投入运行。

异 常 原 因

（1）变压器容量过小，不能满足负荷需要；
（2）负荷突然大量增加；
（3）无功补偿容量不足；
（4）系统中或站内设备检修，使部分变压器退出运行，或使变压器负荷增大。

处 理 建 议

（1）运行中发现变压器负荷达到额定值的90%及以上时，应立即向所属调度汇报，并做好记录。
（2）检查并记录负荷电流、油温和油位的变化，检查变压器声音是否正常，接头是否过热，冷却装置投入数量是否足够，运行是否正常，防爆膜、压力释放器是否动作。
（3）如冷却器未自动全部投入，应手动将冷却器全部投入运行。
（4）当有载调压变压器过载1.2倍时，禁止进行分接开关变换操作。如可预测到变压器过负荷运行，应提前调整电压。
（5）变压器的负荷超过允许的正常负荷时，应迅速计算过负荷倍数和允许运行时间，联系调度，申请降低负荷。过负荷倍数及允许时间按现场规程中正常过负荷的规定执行。并加强对变压器油位、油温的监视，运行时间不得超过规定。若超过时间，则应立即汇报所属调度申请减少负荷。
（6）过负荷结束后，应及时向所属调度汇报，并记录过负荷结束时间。

79 变压器事故过负荷

异 常 现 象

系统内或变电站内设备故障，使部分变压器退出运行，造成正常运行的变压器过负荷。

异 常 原 因

系统内或变电站内设备故障，使部分变压器退出运行，正常运行的变压器负荷骤增，出现过负荷现象。

处 理 建 议

（1）在处理事故、隔离故障设备及受故障影响的设备，恢复正常设备运行的过程中，密切监视正常运行的主变压器的负荷情况。

（2）发出运行中的变压器负荷达到 90％ 及以上时，应立即汇报所属调度，并做好记录。

（3）检查并记录负荷电流、油温和油位变化，检查变压器声音是否正常，接头是否发热，冷却装置投入数量是否足够，运行是否正常，防爆膜、压力释放器是否动作。

（4）如冷却器未自动全部投入，应手动将冷却器全部投入运行。

（5）当有载调压变压器过载 1.2 倍运行时，禁止进行分接开关变换操作。此时，应在变压器过负荷前调整电压。

（6）如果运行中的变压器已发出过负荷信号，应联系所属调度，申请降低负荷，同时计算过负荷倍数及允许时间（事故过负荷倍数及允许时间），或过负荷倍数及时间超过允许值，应按规定减少变压器负荷（如按照紧急拉路序位表进行限负荷）。

（7）过负荷结束后，应及时向所属调度汇报，并记录过负荷结束时间。

80 变压器轻瓦斯保护动作

异常现象

监控后台机和主变压器非电量保护装置发出"轻瓦斯保护动作"信号，现场检查有时气体继电器内有气体，有时变压器或有载调压机构油位降低。

异常原因

（1）变压器内部有轻微故障，产生气体。

（2）变压器内部聚积空气，聚积空气的原因有：

1）变压器（含有载开关）注油时，油中含气量较大；

2）注入油时将空气带入，真空脱气不够，空气未排尽；

3）由于变压器运行或有载开关动作频繁发热等，使油中气体逐渐溢出，造成气体积聚过多；

4）部件密封不严密，潜油泵产生负压进气等。

（3）外部发生穿越性故障，造成变压器油过热气化。

（4）油温降低或漏油，使油面降低。

处理建议

（1）变压器轻瓦斯保护动作发出信号时，监控人员和运维人员应立即汇报所属调度和相关管理部门，并检查有无其他信号，去现场对变压器进行巡视检查。

（2）检查是否因为积聚空气、油位降低。如气体继电器内有气体，则应记录气体量，观察气体颜色及试验是否可燃，并取气样和油样做色谱分析，根据有关规则和导则，判断变压器的故障性质：

1）若气体继电器内的气体为无色、无臭且不可燃，色谱分析判断为空气，则变压器可继续运行，但应汇报相关管理部门，由专业人员检查，消除进气缺陷；

2）若气体是可燃的或油中溶解气体分析结果异常，应综合判断，确定变压器是否停运。

3) 如一时不能对气体继电器内的气体进行色谱分析，则可按下面方法鉴别：

① 无色，不可燃是空气；② 黄色，可燃的是木质故障产生的气体；③ 淡灰色，可燃并有臭味的是纸质故障产生的气体；④ 灰黑色，易燃的是铁质故障使绝缘油分解产生的气体。

(3) 需要取气时，应加强监护，操作人员应选择好工作位置，严格按照操作规程操作，检查取气装置与取气管连接正常后，再打开取气阀门取气。

(4) 如果轻瓦斯保护动作发出信号后，经分析判断为变压器内部存在故障，且发信号时间间隔逐次缩短，则说明故障正在发展，这时应尽快将该变压器停运。

(5) 如变压器轻瓦斯保护动作信号发出，经检查气体继电器内无气体，是变压器本体或有载调压装置大量漏油使油面降低所致，应立即汇报所属调度及相关管理部门，尽快转移负荷，将变压器停运，由专业人员处理漏油缺陷。漏油严重的有载调压装置禁止进行调压操作。

(6) 如变压器轻瓦斯保护动作信号发出，经检查气体继电器内无气体，是变压器油温降低使油面降低所致，应适当停运相应的冷却装置，使油温恢复到正常范围，同时加强监视，检查油温、油面恢复情况。

(7) 如变压器轻瓦斯保护动作信号发出，经检查气体继电器内无气体，且油温、油位正常，变压器本体和有载调压装置也无漏油现象，应逐台切换冷却装置，找到负压区漏油的潜油泵，将其停运，汇报相关管理部门，交专业人员处理。

81 变压器轻瓦斯保护误动作

异常现象

监控后台机和主变压器非电量保护装置发出变压器本体或有载调压装置"轻瓦斯动作"信号前，曾发出过或正在发出直流系统接地信号，或者站内正有会产生强烈振动的工作，气体继电器内无气体。

异常原因

(1) 直流系统多点接地，轻瓦斯保护二次回路短路，如气体继电器接线盒进水，电缆绝缘老化腐蚀等；

(2) 受强烈振动影响；

(3) 气体继电器本身故障，如接点黏连等。

处理建议

(1) 轻瓦斯动作信号发出时，监控人员应检查有无其他信号发出，立即汇报所属调度和相关管理部门，并告知运维人员对变压器进行巡视检查；

(2) 如轻瓦斯保护动作前，或动作时，监控机曾发出过直流系统接地信号，运维人员在确证气体继电器内无气体，油温、油位、声音均正常后，应重点检查气体继电器接线盒是否进水，电缆绝缘是否有老化腐蚀现象，直流接地能消除的及时消除，不能消除的，加强监视，同时汇报相关管理部门，交专业人员处理；

（3）如轻瓦斯保护动作时，经了解，有相关工作人员在变电站内工作，运维人员现场检查确认气体继电器内无气体，变压器本体和有载调压装置油温、油位、声音等均正常时，应停止相关工作人员的工作，复归轻瓦斯保护动作信号，了解工作人员的工作内容和作业方式，汇报相关管理部门；

（4）如果轻瓦斯保护动作前，无直流系统接地信号发出，变电站内和附近均无振动强烈的作业，运维人员现场检查确认气体继电器内无气体，且变压器本体及有载调压装置油温、油位、声音等均正常，而"轻瓦斯动作"信号又不能复归时，应汇报所属调度和相关管理部门，在差动保护投入的情况下，退出变压器本体或有载调压装置的重瓦斯保护装置，由专业人员检查处理。

第五章

母线异常分析及处理

82 母线上搭挂杂物

异常现象

巡视设备或视频监控发现，母线上搭挂有杂物（如棉纱、塑料薄膜等）。

异常原因

（1）大风天气；

（2）变电站附近有垃圾场或农田。

处理建议

（1）平时运维人员巡视设备时，或天气预报有大风时，就应注意检查变电站附近有无绵纱、塑料薄膜等飘移物，并及时进行清理；

（2）发现母线、母线绝缘子或隔离开关上搭挂有塑料薄膜等杂物时，应立即由两人（一人监护、一人操作）用绝缘杆将杂物挑开；

（3）处理时应尽量将杂物缠绕在绝缘杆上，无法使杂物固定在绝缘杆上的，挑落时应注意观察风向，判断杂物挑落方向，防止造成母线接地或短路，或者杂物由于大风又被吹走；

（4）处理过程中，绝缘杆的金属部分应尽量远离设备的瓷质部分，应小心谨慎，不得用力过猛，用力的方向应朝向设备外侧，防止操作过程中碰伤设备。

83 母线架构上有鸟窝等无法用绝缘杆清除的杂物

异常现象

巡视设备时发现母线架构上有鸟窝等无法用绝缘杆清除的杂物。

异常原因

（1）母线架构高，绝缘杆长度不足；

（2）搭挂的杂物已紧缠在架构上，不易挑开或挑落；

（3）有喜鹊等大型鸟类筑的巢。

处理建议

（1）发现母线架构上有鸟窝等无法用绝缘杆清除的杂物时，应按缺陷管理流程填报缺陷，由专业人员处理；

（2）在未处理前应加强监视，做好事故预想工作和事故处理准备。

84　母线接触部分过热

异常现象

（1）远红外测温时，发现母线接头连接处温度超过70℃；

（2）雨天巡视设备，发现母线接头连接处有水蒸气；

（3）雪天巡视设备，发现母线接头连接处积雪融化较其他部分快；

（4）夜间闭灯巡视发现，母线接头连接处过热变红。

异常原因

（1）母线容量偏小，运行容量过大；

（2）接头处连接螺栓松动或接触面氧化，使接触电阻增大。

处理建议

（1）发现母线过热时，应尽快报告所属调度，采用倒母线或转移负荷的方法，直至停电检修处理。

（2）单母线可先减小负荷，再将母线停电处理。

（3）双母线可将过热母线上的运行断路器热倒至正常母线上，再将过热母线停电处理。

（4）当母线过热情况比较严重，过热处已烧红，随时可能烧断发生弧光短路时，为防止热倒母线时发生弧光短路造成两条母线全部停电，应采用冷倒母线的方法将过热母线上的断路器倒至正常母线恢复运行，再将过热母线停电处理。

（5）带有旁路母线时，如母线过热部位在母线与线路连接处，可先用旁路母线将过热处连接的线路代路，消除过热根源，再将过热母线停电处理。

（6）3/2接线母线过热，可直接将母线停电处理。当主变压器没有进串运行的应先转移负荷，保证母线停电后，运行主变压器不会过负荷。

（7）发现引线断股或脱落时，人员应远离异常设备，防止引线脱落造成人身触电。

85　母线绝缘子破损放电

异常现象

（1）巡视设备时，发现母线绝缘子有"噼啪"的放电声；

（2）巡视设备时，发现母线绝缘子有破损、裂纹和树枝状放电痕迹；

（3）在光线较暗时或夜间闭灯巡视时，看到母线绝缘子有放电的蓝色闪光。

（1）表面污秽严重，尤其在污秽严重地区的变电站，含有大量硅钙的氧化物粉尘落在绝缘子表面，形成固体和不易被水冲走的薄膜。阴雨天气，这些粉尘薄膜能够导电，使绝缘子表面耐压降低，泄漏电流增大，导致绝缘子闪络击穿，对地放电。

（2）系统短路冲击，气温骤降等使绝缘子上产生很大的应力，造成绝缘子断裂、破损。

（3）长时间未清扫，污染过大，脏污。

（4）施工时造成机械损伤。

（5）系统过电压击穿。

（6）大风、冰雹等恶劣天气影响。

处理建议

（1）发现母线绝缘子断裂、破损、放电等异常情况时，应立即报告所属调度，请求停电处理。

（2）在停电更换绝缘子前，应加强对故障绝缘子的监视，增加巡视检查次数，并做好事故预想和处理准备。

（3）单母线，应将母线停电处理。

（4）双母线，应视绝缘子损坏程度、天气情况等采用热倒母线或冷倒母线的方法将异常绝缘子所在母线上的断路器倒出后，将母线停电处理。如发现绝缘子有裂纹，在晴天可采用热倒母线处理；而在雨、雪等天气，为了防止在倒母线时裂纹进水，造成闪络接地，使两条母线全部掉闸，宜采用冷倒母线的方式处理。

（5）3/2接线，母线绝缘子异常，可直接将母线停电处理。当主变压器没有进串运行的应先转移负荷，保证母线停电后，运行主变压器不会过负荷。

（6）如发现母线支持绝缘子破损断裂时，人员应远离异常设备，防止设备突然断裂造成人身触电或机械打击。

86 软母线弧垂过大

异常现象

运维人员巡视设备时，发现软母线弧垂过大，有造成风偏，引起相间短路或对架构放电的可能。

异常原因

（1）夏天气温太高，母线受热胀长；

（2）母线容量偏小，运行电流过大，发热胀长。

处理建议

（1）应立即汇报所属调度和相关管理部门，申请将母线停电，由专业人员调整弧垂，在处理前，做好事故预想和事故处理的准备工作。

（2）单母线应将母线停电处理。

（3）双母线接线，应视弧垂增大的程度和天气情况等采用热倒母线或冷倒母线的方法将弧垂过大的母线上的断路器倒出后，将母线停电处理。

（4）3/2接线母线弧垂过大，可直接将母线停电处理。当主变压器没有进串运行的应先转移负荷，保证母线停电后运行主变压器不会过负荷。

87　软母线松股、散股、断股

异常现象

运维人员巡视设备发现，运行中的软母线有松股、散股、断股现象。

异常原因

（1）施工时造成机械损伤；

（2）冬季气候影响造成导线内部张力过大。

处理建议

（1）发现运行中的软母线有松股、散股、断股现象时，应立即汇报所属调度和相关管理部门，按缺陷管理流程填报缺陷，安排处理。

（2）处理前应加强巡视，缩短巡视周期，增加巡视次数，做好事故预想及母线停电的操作准备和事故处理准备。

（3）如软母线断股严重时，人员应远离异常设备，防止引线脱落造成人身触电。同时请示所属调度，将母线停电修复或更换。

（4）单母接线应将母线停电处理。

（5）双母接线，应视母线异常情况、天气变化等采取热倒母线或冷倒母线的方法将异常母线上的断路器倒出后，将母线停电处理。如母线只是出现了松股、散股或只是出现轻微的断股现象，可热倒母线处理。如果母线断股严重，为了防止倒母线时异常母线发生接地或短路，造成两条母线全部停电，应选择冷倒母线的处理措施。

（6）3/2接线母线出现松股、散股、断股现象，可直接将母线停电处理。当主变压器没有进串运行的应先转移负荷，保证母线停电后运行主变压器不会过负荷。

88　硬母线变形

异常现象

（1）检修、施工中发现室内母线铝排变形；

（2）巡视设备发现室内外母线铝排变形或管型母线变形。

异常原因

（1）外力机械损伤；

（2）较大短路电流产生的电动力所致。

处理建议

（1）如检修施工中发现室内封闭式母线铝排变形，应由专业人员及时进行更换处理。

（2）如巡视设备发现室内、外裸露的母线铝排变形或管型母线变形，应按缺陷管理流程及时上报，安排停电处理。同时做好事故预想及停电操作和事故处理的准备工作。

1）单母线接线，应将母线停电处理。

2）双母线接线，应视母线变形程度、气候变化情况采取热倒母线或冷倒母线的方法将异常母线上的断路器倒出后，将母线停电处理。如母线只是出现轻微变形，可热倒母线处理；如果母线变形严重，伤及支持绝缘子，为防止倒线过程中异常母线发生接地或短路，造成两条母线全部停电，应选择冷倒母线的处理措施。

3）3/2接线母线出现变形，可直接将母线停电处理。当主变压器没有进串运行的，应先转移负荷，保证母线停电后运行的主变压器不会过负荷。

89 **硬母线伸缩接头部分断裂破损**

异常现象

（1）巡视设备发现运行中的硬母线伸缩接头发生部分软连接片断裂或破损；

（2）远红外测温发现，运行中的硬母线伸缩接头温度较同类设备明显升高，且有明显的软连接片断裂破损现象。

异常原因

（1）运行时间过长，伸缩接头热胀冷缩运动造成；

（2）软连接片断裂部分占全部连接片比例较大会使母线伸缩接头部分电阻增大，长期通过电流时发热。

处理建议

（1）巡视设备时发现硬母线伸缩接头断裂，应汇报所属调度和相关管理部门，加强监视和红外测温，同时按缺陷管理流程上报，安排停电处理。并做好事故预想和停电操作及事故处理准备。

（2）如红外测温发现硬母线伸缩接头温度较其他两相或其他同类设备明显增高，或者已达60℃，检查发现其软连接片断裂很多时，应申请所属调节度，立即停电处理。

1）单母线可先减少负荷，再将母线停电处理。

2）双母线可将故障母线上的运行断路器热倒至正常母线，再将故障母线停电。

3）如果硬母线伸缩接头过热情况比较严重，软连接片已大部分损坏且过热处已烧红，随时可能烧断发生弧光短路，为防止热倒母线时故障处发生弧光短路造成两条母线全部停电，应采用冷倒母线的方法将故障母线上的断路器倒至正常母线恢复运行，再将故障母线停电处理。

4）3/2接线母线伸缩接头软连接片大部分断裂损坏，可直接将母线停电处理。当主变压器没有进串运行时，应先转移负荷，保证母线停电后运行主变压器不会过负荷。

90 母线电压过低

监控后台机报出"母线电压过低"信号，检查发现该母线电压较调度规定的电压曲线下降了 5%。

异常原因

(1) 上一级电压过低，超过规定值；
(2) 负荷过大或过负荷运行；
(3) 无功补偿容量不足，功率因数过低；
(4) 变压器分接头位置调整偏低。

处理建议

(1) 投入电容器组，增加无功补偿容量。对装有调相机的变压器，应增加其无功功率；
(2) 根据调度命令，改变运行方式或调整有载调压变压器分接头，提高输出电压；
(3) 汇报调度，由调度进行调整；
(4) 根据调度命令，拉闸限制负荷。

91 母线电压过高

异常现象

监控后台机报出"母线电压超限"信号，检查发现该母线电压较调度规定的电压曲线高出 5%。

异常原因

(1) 系统电压过高；
(2) 负荷大量减少；
(3) 变压器带大量容性负荷运行，无功补偿容量过大，甚至反送无功；
(4) 变压器分接头位置调整偏高。

处理建议

(1) 调整有载调压变压器分接开关，降低输出电压；
(2) 退出电容器组，减少无功补偿容量。对装有调相机的变压器，应减小其无功功率；
(3) 汇报调度，由调度进行调整。

第六章

电压互感器异常分析及处理

92 电压互感器本体过热

异常现象

红外测温发现，电压互感器本体温度明显高于其他相或其他同类设备，或者温度已达 60℃。

异常原因

电压互感器内部匝间、层间短路或接地时，高压熔断器可能不熔断，引起本体过热甚至可能会冒烟起火。

处理建议

（1）立即汇报所属调度及相关管理部门，申请将可能误动的保护和自动装置退出运行，如距离保护、备用电源自动投入装置等，退出主变压器保护电压互感器过热侧启动其他侧的复合电压闭锁等；

（2）运维人员不得接近本体过热的电压互感器，不得直接使用隔离开关进行故障电压互感器退出电网的操作，而应按如下方法将该组电压互感器退出运行：

1）如果是线路抽压电压互感器本体过热，需从两侧将相应线路停电即可；

2）单母线或单母分段接线，可采用先将本体过热的电压互感器所在母线停电，再拉开电压互感器隔离开关的方式，将该组电压互感器停用；

3）双母线接线方式下，应先拉开母联断路器，将两条母线隔离，再拉开本体过热的电压互感器所在母线上的所有进出线断路器将该母线停用，将所拉开的进出线断路器冷倒至另一条母线恢复运行，最后拉开母联断路器两侧隔离开关及电压互感器隔离开关，将本体过热的电压互感器转检修处理；

4）3/2 接线方式下，需将本体过热的电压互感器所在母线停电，将该组电压互感器转检修处理。

93 电压互感器引线接头过热

异常现象

红外测温发现，电压互感器引线接头过热，温度明显高于其他相或其他同类设备，或者温度已达 70℃。

异常原因

接头部分接触不良或氧化腐蚀造成接触电阻增大，发生过热现象。

处理建议

（1）立即汇报所属调度及相关管理部门；

（2）用万用表，选择适当的电压挡，在二次熔断器或小开关电源侧、出线侧测量电压正常，确认二次熔断器或小开关以下回路中无短路或接地现象，可汇报所属调度，先使一次母线并列后，合上电压互感器二次并列开关，将引线接头过热的电压互感器停电，交专业人员处理。

94 电压互感器内部声音异常或有放电声

异常现象

巡视设备时发现电压互感器内部有"噼啪"的响声或其他噪声。

异常原因

（1）电压互感器有"噼啪"的响声是因为内部放电；

（2）电压互感器声音异常还可能是由于内部短路、接地、夹紧螺丝松动。

处理建议

（1）立即将可能误动的保护和自动装置退出，如距离保护、备用电源自动投入装置等，退出主变压器故障电压互感器侧启动其他侧的复合电压等，并汇报所属调度和相关管理部门；

（2）运维人员不得靠近内部声音异常或有放电声的电压互感器，不得直接使用隔离开关进行故障电压互感器退出运行的操作，应按如下方法将该组电压互感器退出运行：

1）如果是线路抽压电压互感器声音异常，需从两侧将相应线路停电即可；

2）单母线或单母分段接线，可采用先将声音异常的电压互感器所在母线停电，再拉开电压互感器隔离开关的方式，将该组电压互感器停用；

3）双母线接线方式下，应先拉开母联断路器，将两条母线隔离，再拉开声音异常的电压互感器所在母线上的所有进出线断路器将该母线停用，将所拉开的进出线断路器冷倒至另一条母线恢复运行，最后拉开母联断路器两侧隔离开关及电压互感器隔离开关，将声音异常的电压互感器转检修处理；

4）3/2接线方式下，需将声音异常的电压互感器所在母线停电，将该组电压互感器转检修处理。

95 电压互感器本体渗漏油

异常现象

巡视设备发现，电压互感器本体有渗漏现象，油位指示器指示下降。

(1) 套管破裂；

(2) 密封件老化；

(3) 四周螺栓吃力不均。

处理建议

(1) 本体渗漏油若不严重，并且油位正常，应准确寻找渗漏点，按缺陷管理流程报渗漏缺陷，并加强监视；

(2) 电压互感器本体渗漏油严重，并且油位未低于指示器下限，但一时又不能停电检修，应按缺陷管理流程上报渗漏缺陷，同时加强监视，增加巡视的次数，缩短巡视周期；

(3) 电压互感器本体渗漏油严重，油位已低于油位指示器下限，应汇报所属调度和相关管理部门，先使一次母线并列，合上电压互感器二次并列开关，将缺油的电压互感器停用，交专业人员处理；

(4) 电容式电压互感器电容单元渗油，应立即汇报所属调度和相关管理部门，先使一次母线并列，合上电压互感器二次并列开关，将渗油的电压互感器停用，交专业人员处理。

96　电压互感器喷油、流胶或外壳开裂变形

异常现象

巡视设备发现，电压互感器内或引线接口处严重喷油、漏油、流胶、外壳开裂变形。

异常原因

(1) 套管破裂；

(2) 密封件老化；

(3) 安装时四周螺栓吃力不均。

处理建议

(1) 立即汇报所属调度及相关管理部门；

(2) 请求所属调度，先使一次母线并列，合上电压互感器二次并列开关，将该电压互感器停用，交专业人员处理。

97　电压互感器内部发出焦臭味、冒烟、着火

异常现象

巡视设备发现，电压互感器运行中内部发出焦臭味或冒烟、着火。

异常原因

内部发热严重，绝缘已受损或烧坏。

（1）立即汇报所属调度及相关管理部门，将可能误动作的保护和自动装置退出，如距离保护、备用电源自动投入装置等，退出主变压器故障电压互感器侧启动其他侧的复合电压等；

（2）不得靠近发出焦臭味或冒烟、起火的电压互感器，严禁直接使用隔离开关进行故障电压互感器退出电网的操作，应按下列方法将该组电压互感器退出运行：

1）如果是线路抽压电压互感器内部发出焦臭味或冒烟、起火，需从两侧将相应线路停电即可；

2）单母线或单母分段接线，可采用先将内部发出焦臭味或冒烟、起火的电压互感器所在母线停电，再拉开电压互感器隔离开关的方式，将该组电压互感器停用；

3）双母线接线方式下，应先拉开母联断路器，将两条母线隔离，再拉开内部发出焦臭味或冒烟、起火的电压互感器所在母线上的所有进出线断路器将该母线停用，将所拉开的进出线断路器冷倒至另一条母线恢复运行，最后拉开母联断路器两侧隔离开关及电压互感器隔离开关，将内部发出焦臭味或冒烟、起火的电压互感器转检修处理；

4）3/2接线方式下，需将内部发出焦臭味或冒烟、起火的电压互感器所在母线停电，将该组电压互感器转检修处理。

98 电压互感器套管破裂放电、引线与外壳之间有火花放电

异常现象

运维人员巡视设备发现，电压互感器套管破裂、放电或引线与外壳之间有火花放电现象。

异常原因

（1）套管受外力破坏；
（2）套管材质不良，在气温变化时破裂；
（3）套管外绝缘严重污浊、受潮。

处理建议

（1）发现电压互感器套管破裂、放电或引线与外壳之间有火花放电现象，应立即汇报所属调度及相关管理部门；

（2）不得靠近套管破裂、放电或引线与外壳之间有火花放电的电压互感器，严禁直接用隔离开关进行故障电压互感器退出电网的操作；

（3）将可能误动的保护及自动装置退出，如距离保护、备用电源自动投入装置，退出主变压器故障电压互感器侧启动其他侧的复合电压等；

（4）按所属调度命令，用以下方式将该组电压互感器退出运行：

1）如果是线路抽压电压互感器故障，需从两侧将相应线路停电即可；

2）单母线或单母分段接线，可采用先将故障电压互感器所在母线停电，再拉开电压互

感器隔离开关的方式，将该组电压互感器停用；

3）双母线接线方式下，应先拉开母联断路器，将两条母线隔离，再拉开故障电压互感器所在母线上的所有进出线断路器将该母线停用，将所拉开的进出线断路器冷倒至另一条母线恢复运行，最后拉开母联断路器两侧隔离开关及电压互感器隔离开关，将故障电压互感器转检修处理；

4）3/2接线方式下，需将故障电压互感器所在母线停电，将该组电压互感器转检修处理。

99　电压互感器金属膨胀器异常膨胀变形

异常现象

运维人员巡视设备发现，电压互感器金属膨胀器异常膨胀变形，与其他相或其他同类设备有明显差异。

异常原因

（1）电压互感器加油过多，温度升高时，使金属膨胀器膨胀变形；

（2）电压互感器内部有放电或过热现象，产生了过多的气体，特别是氢气、二氧化碳，使膨胀器膨胀变形；

（3）电压互感器运行时间过长，金属膨胀器内弹性元件老化失效，使金属膨胀器异常膨胀变形。

处理建议

（1）立即汇报所属调度及相关管理部门；

（2）用万用表，选择适当的电压挡，在二次熔断器或小开关电源侧、出线侧测量电压正常，确认二次熔断器或小开关以下回路无短路或接地故障，可汇报所属调度，先将一次母线并列后，合上电压互感器二次并列开关，将金属膨胀器异常膨胀变形的电压互感器停电，交专业人员处理。

100　电压互感器 SF_6 气体压力表为零

异常现象

（1）监控后台机发出母线"电压互感器 SF_6 气压低"信号；

（2）现场检查发现，某侧母线电压互感器 SF_6 气体压力表指示降到零。

异常原因

SF_6 系统有漏气现象，如瓷套与法兰胶合处胶合不良；瓷套的胶垫连接处胶垫老化或位置未放正；管接头处及自动封阀处固定不紧或有杂物；压力表特别是接头处密封垫损伤等造成漏气。

处理建议

（1）立即汇报所属调度及相关管理部门。

（2）将可能误动的保护及自动装置退出，如距离保护、备用电源自动投入装置等，退出主变压器保护故障电压互感器侧启动其他侧的复合电压等。

（3）不得靠近 SF_6 气体压力为零的电压互感器，严禁直接使用隔离开关进行故障电压互感器退出电网的操作。

（4）按所属调度命令，按以下方式将故障电压互感器退出运行：

1）单母线或单母分段接线，可采用先将故障电压互感器所在母线停电，再拉开电压互感器隔离开关的方式，将该组电压互感器停用；

2）双母线接线方式下，应先拉开母联断路器，将两条母线隔离，再拉开故障电压互感器所在母线上的所有进出线断路器将该母线停用，将所拉开的进出线断路器冷倒至另一条母线恢复运行，最后拉开母联断路器两侧隔离开关及电压互感器隔离开关，将故障电压互感器转检修处理；

3）3/2接线方式下，需将故障电压互感器所在母线停电，将该组电压互感器转检修处理。

101　电压互感器二次小开关跳闸或熔断器熔断

异常现象

（1）监控后台机预告警报响，发出"电压回路断线"信号；

（2）监控后台机显示熔断相电压为零，完好相电压不变，与熔断相关的线电压降低；

（3）监控后台机有功功率、无功功率指示降低，电能表走慢。

异常原因

（1）二次侧有短路或负荷过大，以及二次侧熔断器选择不当；

（2）二次侧小开关本身机械故障造成脱扣。

处理建议

（1）先将可能误动的保护和自动装置退出，如距离保护、备用电源自动投入装置等，退出主变压器保护电压回路断线侧启动其他侧的复合电压等，汇报所属调度。

（2）用万用表选择适当的电压挡，在二次熔断器或小开关的电源侧测量相电压和线电压判别电源侧是否正常，如电源侧电压异常，说明故障发生在二次熔断器或小开关上侧，应汇报所属调度和相关管理部门，先使一次母线并列后，合上电压互感器二次并列开关，将该组电压互感器停电，交专业人员处理；如电源侧电压正常，应先检查是否是二次熔断器、小开关端子线头接触不良，可拨动底座夹片使熔断器或小开关接触良好，或者上紧松动的端子螺栓。

（3）如果电源侧电压正常，熔断器或小开关出线侧电压异常，说明熔断器熔断、小开关跳闸或接触不良，应更换熔断器，更换后再次熔断不得再换，不得加大熔断器容量；如判断属于小开关接触不良，可在退出可能误动的保护和自动装置的情况下，试拉、合小开关几次。如二次熔断器连续熔断、小开关合不上或更换熔断器后故障不能消除，应通知专业人员检查二次回路中有无短路、接地或开路故障点。

（4）二次回路恢复正常后，投入所退出的保护或自动装置。

102　电压互感器高压熔断器熔断

异常现象

（1）监控后台机预告警报响，发出"电压回路断线""母线单相接地"信号；

（2）熔断相电压降低但不为零，完好相电压不变，与熔断相有关的线电压降低；

（3）接有录波的可能引起录波器低电压动作；

（4）监控后台机、相关测控装置有功功率、无功功率指示降低，电能表走慢。

异常原因

（1）电压互感器绕组发出匝间、层间或相间短路及单相接地等现象。

（2）电压互感器二次绕组及二次回路故障。电压互感器二次回路故障，可能造成电压互感器过流，若二次侧熔断器或小开关容量选择不合理，也可能造成一次侧熔断器熔断。

（3）过电压。当中性点不接地系统发生单相接地时，其他两相对地电压升高到相电压的 $\sqrt{3}$ 倍，或由于间歇性电弧接地，可能产生数倍的过电压。过电压会使互感器严重饱和，使电流急剧增加而造成熔断器熔断。

（4）系统发生铁磁谐振，电压互感器将产生过电压或过电流。电流的激增，除了造成一次侧熔断器熔断外，还常导致电压互感器的烧毁事故。

（5）熔断器接触部位锈蚀，接触不良造成过热引起熔断器熔断。

处理建议

（1）在二次熔断器或小开关电源侧测量相电压和线电压是否正常，如熔断器或小开关电源侧电压异常，可确认电压互感器高压熔断器熔断。

（2）立即汇报所属调度及相关管理部门，退出可能误动的保护及自动装置，如距离保护、备用电源自动投入装置等，退出主变压器保护电压回路断线侧启动其他侧的复合电压等。

（3）拉开（或取下）电压互感器二次小开关（或熔断器），拉开电压互感器隔离开关，将电压互感器停电，做好安全措施，检查电压互感器外观有无异常，更换熔断器恢复运行。运行正常后，投入所退出的保护及自动装置。

（4）如果高压侧熔断器再次熔断，则可判断为电压互感器内部故障，这时应申请将该电压互感器停用，交专业人员处理。

（5）如果电压互感器内部故障或因某种原因，短时间内不能恢复正常时，经检查确认二次熔断器或小开关以下回路无短路或接地故障，可汇报所属调度，先使一次母线并列后，合上电压互感器二次并列开关，投入所退出的保护及自动装置。

103 电压互感器二次输出电压波动或异常

监控值班员或运维人员监盘时发现，监控后台机上某条母线的电压值出现波动或异常，明显降低或升高。监控后台机不断报出"电压超限"或"电压过低"信号。

异常原因

(1) 电磁式电压互感器二次电压明显降低，可能是下节绝缘支架放电击穿或下节一次绕组匝间短路。

(2) 电容式电压互感器二次电压波动或异常的原因如下：

1) 二次电压波动的原因有：① 二次接线松动，接触不良；②分压器低压端子未接地或未接载波线圈；③电容单元可能被间断击穿；④铁磁谐振。

2) 二次电压低的主要原因有：①二次接线不良或接触不良；②电磁单元故障或电容单元 $C2$ 损坏。

3) 二次电压高的主要原因有：①电容单元 $C1$ 损坏；②分压电容接地端未接地；③开口三角电压异常升高，其引起的主要原因为某相互感器电容单元故障，某相二次回路绝缘损坏、绕组断线。

处理建议

(1) 发现电压互感器二次电压波动或过低时，应立即指派运维人员赴现场进行检查。

(2) 当运维人员到现场，确定不是由于熔断器熔断、二次小开关跳闸或二次回路故障造成的电压互感器二次输出电压波动或降低时，应按以下原则处理：

1) 不得再靠近该异常电压互感器；

2) 尽快汇报所属调度及相关管理部门，退出可能误动的保护及自动装置，如距离保护、备用电源自动投入装置，退出主变压器保护电压异常或波动侧启动其他侧复合电压等；

3) 电磁式电压互感器从发现二次电压降低到互感器爆炸的时间很短，应尽快采取以下措施将电压互感器停用：①如果是线路抽压电压互感器故障，需从两侧将相应线路停电即可；②单母线或单母分段接线，可采用先将故障电压互感器所在母线停电，再拉开电压互感器隔离开关的方式，将该组电压互感器停用；③双母线接线方式下，应先拉开母联断路器，将两条母线隔离，再拉开故障电压互感器所在母线上的所有进出线断路器将该母线停用，将所拉开的进出线断路器冷倒至另一条母线恢复运行，最后拉开母联断路器两侧隔离开关及电压互感器隔离开关，将故障电压互感器转检修处理；④3/2接线方式下，需将故障电压互感器所在母线停电，将该组电压互感器转检修处理。

4) 电容式电压互感器二次电压降低及升高在排除二次故障后，应汇报所属调度，拉开该电压互感器二次小开关或取下二次熔断器，拉开一次侧隔离开关，将其停用。若短时间内不能恢复正常时，可汇报所属调度及相关管理部门，先使一次母线并列后，合上电压互感器二次并列小开关，投入所退出的保护及自动装置。

104　电压互感器发生铁磁谐振

异常现象

（1）当电源对只带电磁式电压互感器的空母线合闸送电时，预告警报响，监控后台机发出母线接地信号，该母线电压指示两相对地电压升高，一相降低，或两相对地电压降低，一相升高，线电压指示不变；

（2）监控后台机预告警报响，同时发出"母线接地"信号；该母线电压指示三相电压同时升高，或依次轮流升高，线电压指示不变；

（3）监控人员或运维人员监盘中发现某条母线三相对地电压指示同时升高，同时监控后台机发出"电压越限"信号；

（4）现场可听到电压互感器会发出很大的响声。

异常原因

（1）用电源对只带电磁式电压互感器的空母线合闸充电时，产生了基波谐振；

（2）系统发生单相接线时，产生了分频谐振；

（3）系统在运行中，随着负荷的变化，容抗和感抗形成不利匹配，产生了高频谐振。

处理建议

（1）对空载母线送电时，应避免用带有均压电容的断路器向只带电磁式电压互感器的空载母线充电，可先对母线充电后再投入电压互感器；

（2）当只带有电压互感器的空载母线产生基波谐振时，应立即投入一个备用设备，改变电网参数，消除谐振；

（3）发生单相接地引起分频谐振时，应立即切除接地故障点，消除谐振；

（4）谐振造成一次熔断器熔断后，谐振可自行消除，但可能带来保护和自动装置误动作，此时应迅速处理误动作的后果，然后迅速更换一次熔断器，恢复电压互感器的运行；

（5）电压互感器发生谐振产生高电压，可能引起绝缘子闪络或电压互感器爆炸，所以谐振时应避免靠近相关的电压互感器；

（6）由于谐振时电压互感器的一次侧电流很大，所以禁止用拉开电压互感器隔离开关或取下一次熔断器的方法消除谐振；

（7）如果谐振不消除，双母线接线可将谐振电压互感器母线空出，用母联断路器、分段断路器停电，单母线或单母分段接线拉开主断路器，将谐振的电压互感器停用。

第七章

电流互感器异常分析及处理

105　电流互感器引线接头过热变色

异常现象

（1）红外测温时，发现电流互感器某相引线接头温度超过 70℃，或较其他相及其他负荷相近的同类设备明显升高；

（2）夜间闭灯巡视发现，电流互感器某相引线接头过热变红，红外测温确认其过热。

异常原因

（1）一次侧接线接触不良；

（2）引线接头氧化或铜铝过渡板质量不良，接触电阻过大；

（3）过负荷引起。

处理建议

（1）检查该回路电流是否较平时有所增加，如有，应立即汇报所属调度，减小负荷或转移负荷，记录电流值、过热处温度、和其他相及其他同负荷同类设备温度，上报相关管理部门；

（2）如因过负荷引起，又无法减少或转移负荷，应记录电流值、过热处温度、其他相及其他同负荷同类设备温度，缩短红外测温周期，增加红外测温次数，同时申请将该电流互感器退出运行；

（3）如不是过负荷引起，应立即汇报所属调度，转移负荷，有旁路接线的用旁路断路器代运行，将该电流互感器停用；无旁路接线的，应立即停用，交专业人员处理。

106　电流互感器本体过热、冒烟

异常现象

（1）红外测温发现，电流互感器本体温度已达 60℃，或者较其他两相及其他负荷相近的同类设备明显偏高；

（2）巡视设备发现，电流互感器本体有明显焦臭味，或冒烟。红外测温确认本体过热。

异常原因

（1）负荷过大；

（2）内部故障；

（3）二次回路开路。

处理建议

（1）当红外测温，发现电流互感器本体温度较其他两相或其他负荷相近的同类设备明显偏高时，应立即检查所属回路负荷的大小，监控系统潮流显示与正常情况相比有无变化，继电保护及自动装置有无异常告警信号，同时加强监视，缩短测温周期，增加测温次数。

（2）如果温度升高的同时，有异常音响，监控后台机上对应回路有功功率和无功功率降低，相关电能表走慢，说明测量回路二次开路。

（3）如果温度升高的同时，有异常音响，所供继电保护及自动装置有"装置告警"（未闭锁保护及自动装置）或"装置闭锁（异常）"信号发出，说明是该回路二次回路开路。

（4）如果温度升高的同时，有异常音响，监控后台机相应回路电流指示较平时升高，且所属元件发出"过负荷"信号，说明是过负荷所致，应汇报所属调度，降低或转移负荷，同时加强监视。

（5）如果既无电流互感器二次开路的情况，又无负荷过大的情况，则可能因内部故障引起。

（6）如果电流互感器本体温度超过 60℃，或已出现冒烟现象，或确认是内部故障引起，应立即汇报所属调度，退出可能误动的保护及自动装置，有旁路母线的，应将该回路旁带供出，将该电流互感器所在回路退出，停用该电流互感器，再将退出的保护及自动装置投入运行。无旁路母线的，应立即将该回路停电，投入所退出的保护及自动装置，汇报相关管理部门，由专业人员处理。禁止在未停电的故障电流互感器二次回路上工作。

（7）如果温度升高，还未达到 60℃，除声音异常外，也无其他异常，确认是电流互感器二次开路所致，应按以下原则处理：

1）应先分清故障属于哪一组电流回路，开路的相别，对保护及自动装置有无影响，汇报所属调度，停用可能误动的保护；进出线断路器母差保护用电流互感器二次开路会闭锁母差保护，纵联差动保护用电流互感器二次开路会闭锁纵联差动保护，母联或分段断路器电流互感器二次开路，不闭锁母差保护，会将母差保护自动转入"互联"或"单母"状态。

2）处理时应穿绝缘靴，戴绝缘手套，使用绝缘良好的工具，防止二次绕组开路而危及设备和人身安全。

3）查找开路位置并设法将开路处进行短路，如不能进行短路处理时，可向所属调度申请停电处理。在短接处理的过程中，必须注意安全，戴绝缘手套，使用合格的绝缘工具，在严格监护下进行。

4）尽量设法在就近的试验端子上，将电流互感器二次短路，再检查处理开路点。短接时应使用良好的短路线，并按图纸进行。短接时应在开路点的前级回路中选择适当的位置短接。

5）若短接时有火花，说明短接有效，故障点就在短接点以下的回路中，可以进一步查找。

6）若短接时无火花，可能是短接无效。故障点可能在短接点以上的回路中，可以逐点向前变换短接点，缩小范围。

7）在故障范围内，应检查容易发生故障的端子及元件，检查回路上有工作时触动过的部位。

8）对检查出的故障，能自行处理的，如接线端子等外部元件松动，接触不良等，可立即处理，然后投入所退保护。

9）不能自行处理的故障或不能自行查明故障，应汇报 相关管理部门派专业人员处理，或经倒运行方式转移负荷，停电检查处理。

107　电流互感器声音异常

异常现象

运维人员巡视设备时发现，电流互感器有响声。

异常原因

（1）铁芯松动，会发出不随一次负荷变化的"嗡嗡"声；

（2）铁芯中某些离开叠层的硅钢片，在空负荷（或轻负荷）时，会有一定的"嗡嗡"声；

（3）二次开路，因磁饱和及磁场的非正弦性，使铁芯硅钢片震荡且震荡不均匀而发出较大的噪声；

（4）电流互感器严重过负荷时，铁芯会发出噪声；

（5）电流互感器瓷套内半导体漆涂刷不均匀形成的内部电晕；

（6）末屏开路及绝缘损坏放电。

处理建议

（1）运行中的电流互感器有异常声音，应从音响、外观检查、红外测温、监控后台机潮流指示及保护异常信号情况综合判断故障性质。

（2）如果发出异常音响的同时，温度也明显高于其他相或负荷相近的同类设备，监控后台机和所带测控装置电流落零，有功功率、无功功率降低，电能表走慢，说明是计量回路二次开路。

（3）如果发出异常声音的同时，温度也明显高于其他相或负荷相近的同类设备，监控后台机和所供保护及自动装置有"装置告警"（未闭锁保护）或"装置异常"（闭锁保护）信号发出，则说明保护回路二次开路。

（4）如果发出异常音响的同时，温度也明显升高，监控后台机显示该回路电流明显增大，发出"过负荷"信号，说明是过负荷所致，应立即向所属调度汇报，设法转移负荷或减负荷，记录电能表读数，防止由于过负荷造成电能表计量不准确。

（5）如果运行中的电流互感器声音严重不正常，二次侧所接表计和监控系统潮流显示与正常情况相比很不正常，红外测温发现其本体温度与其他相及负荷相近的同类设备相比明显升高，继电保护及自动装置会伴随有异常告警信号，甚至会造成保护及自动装置动作，说明电流互感器已发生内部故障，此时的处理步骤如下：

1）立即汇报所属调度，申请停电处理，故障的电流互感器在停电前应加强监视，但不得靠近该电流互感器，防止过热爆炸伤人；

2）断开回路，隔离电流互感器，未停电前，禁止在故障的电流互感器二次回路上工作；

3）故障的电流互感器停电后，应将该电流互感器二次侧所接保护及自动装置停用，或将故障电流互感器二次侧从保护测量回路中断开、短接后再进行工作。

（6）如果声音异常确认是由于二次回路开路所致，应按如下原则处理：

1）应先分清故障属于哪一组电流回路，开路的相别，对保护及自动装置有无影响，汇报所属调度，停用可能误动的保护。

2）处理时应穿绝缘靴，戴绝缘手套，使用绝缘良好的工具，防止二次绕组开路而危及设备和人身安全。

3）查找开路位置并设法将开路处进行短路，如不能进行短路处理时，可向所属调度申请停电处理。在短接处理的过程中，必须注意安全，戴绝缘手套，使用合格的绝缘工具，在严格监护下进行。

4）尽量减小一次负荷电流。若电流互感器严重损伤（如过热严重、有焦臭味、冒烟），应转移负荷，停电处理。

5）尽量设法在就近的试验端子上，将电流互感器二次短路，再检查处理开路点。短接时应使用良好的短路线，并按图纸进行。短接时应在开路点的前级回路中选择适当的位置短接。

6）若短接时有火花，说明短接有效，故障点就在短接点以下的回路中，可以进一步查找。

7）若短接时无火花，可能是短接无效。故障点可能在短接点以上的回路中，可以逐点向前变换短接点，缩小范围。

8）在故障范围内，应检查容易发生故障的端子及元件，检查回路上有工作时触动过的部位。

9）对检查出的故障，能自行处理的，如接线端子等外部元件松动，接触不良等，可立即处理，然后投入所退保护。

10）不能自行处理的故障或不能自行查明故障，应汇报相关管理部门派专业人员处理，或经倒运行方式转移负荷，停电检查处理。

（7）若声音异常较轻，可不立即停电，但必须加强监视，同时向所属调度及相关管理部门汇报，安排停电处理。

108　电流互感器套管破损、闪络

异常现象

巡视设备发现，电流互感器套管严重破裂或套管、引线与外壳之间有火花放电。

异常原因

（1）套管受外力破坏；

（2）套管材质不良，在气温变化时破裂；

（3）外绝缘严重污浊受潮造成。

（1）立即汇报所属调度及相关管理部门，申请停电处理；

（2）不得靠近故障电流互感器；

（3）有旁路母线的，可将故障电流互感器所在回路旁带，将故障电流互感器停电，转检修处理；无旁路母线的，应转移或减少负荷，将故障电流互感器停电，转检修处理。

109　干式电流互感器外壳开裂

异常现象

巡视发现，干式电流互感器外壳开裂，有时会伴有不正常声音和过热现象，有时还伴有焦臭味。

异常原因

（1）长期过负荷运行，造成电流互感器过热，使内部材料膨胀过大；

（2）内部故障，绝缘材料由于过热膨胀或气化；

（3）安装不合格，使外壳承受过大的机械应力；

（4）外壳材质不良等制造原因。

处理建议

（1）发现干式电流互感器外壳开裂，应立即撤离现场，并汇报所属调度及相关管理部门，请求停电处理；

（2）有旁路母线的，可将故障电流互感器所属回路旁带供出，将故障电流互感器停电，转检修处理；无旁路母线的，应设法减少或转移负荷，将故障电流互感器停电，转检修处理。

110　电流互感器严重漏油

异常现象

巡视设备发现，充油式电流互感器严重漏油。

异常原因

（1）密封件老化；

（2）瓷套损坏；

（3）放油阀关闭不严；

（4）螺栓吃力不均匀。

处理建议

（1）本体渗漏油若不严重，并且油位正常，应加强监视，并按照缺陷管理程序填报渗漏缺陷，安排处理；

（2）本体渗漏油严重，且油位未低于下限，但一时又不能停电检修，应加强监视，增加巡视次数，缩短巡视周期，并报相关管理部门；若低于下限，则应立即汇报所属调度及相关管理部门，将该组电流互感器停电处理，有旁路母线的，应将该回路旁带，将故障电流互感器退出运行；

（3）严重漏油，从油位计中已看不到油位，应向所属调度申请，进行停电处理，有旁路母线的，应将该回路旁带供出，将故障电流互感器退出运行，由专业人员处理。

111　电流互感器过负荷

异常现象

监控后台机预告警报响，报出某回路"过负荷"信号，该回路电流指示已超过上限值，现场检查，会发现该电流互感器发出噪声，红外测温发现该电流互感器温度明显高于其他同类设备。

异常原因

该组电流互感器所属回路负荷大增，电流超过预定上限。

处理建议

（1）计算过负荷倍数，向所属调度汇报，申请转移负荷或减负荷；
（2）记录过负荷时间，电能表读数，防止由于过负荷造成电能表计量不准确；
（3）对该电流互感器所属回路中的引线接头、电气触头加强红外测温，防止 过热现象的发生。

112　电流互感器 SF_6 气体压力表为零

异常现象

（1）监控后台机预告警报响，报出某回路某相电流互感器"SF_6气压低"信号；
（2）现场检查发现相对应的电流互感器 SF_6 气体压力表降至零。

异常原因

SF_6 系统有漏气现象，如瓷套和法兰胶合处胶合不良；瓷套的胶垫连接处胶垫老化或位置未放正；管接头及自动封阀处固定不紧或有杂物；压力表特别是接头处密封垫损坏等造成漏气。

处理建议

（1）立即汇报所属调度及相关管理部门，申请转移或减少负荷；
（2）将故障电流互感器停电处理，有旁路母线的应将该电流互感器所属回路旁带供出，将该电流互感器停电处理。

113　电流互感器金属膨胀器异常膨胀变形

异常现象

运维人员巡视设备发现，电流互感器金属膨胀器异常膨胀变形，与其他相或其他同类设备有明显差异。

异常原因

（1）电流互感器加油过多，温度升高时，使金属膨胀器膨胀变形；

（2）电流互感器内部有过热或放电现象，产生了过多的气体，特别是氢气、二氧化碳，使膨胀器膨胀变形；

（3）电流互感器运行时间过长，金属膨胀器内部弹性元件老化失效，使金属膨胀器异常膨胀变形。

处理建议

（1）立即汇报所属调度及相关管理部门，申请停电或转移、减少负荷；

（2）将故障电流互感器停电处理，有旁路母线的应将该电流互感器所属回路旁带供出，将电流互感器停电处理。

114　电流互感器内部故障

异常现象

（1）巡视设备发现，电流互感器运行声音严重不正常；

（2）红外测温发现电流互感器本体温度过高，或者明显高于其他相或其他同类设备，或发出焦臭味、冒烟；

（3）二次侧所接监控系统潮流显示及电能表与正常情况相比不正常；

（4）继电保护及自动装置会出现"装置告警（不闭锁保护）""装置异常（闭锁保护）"（母联断路器母差保护用电流互感器故障可能会发出"互联动作"或"单母方式"信号指示，其他进出线电流互感器故障会闭锁母差保护）；

（5）严重时会造成保护及自动装置动作。

处理建议

（1）立即汇报所属调度，申请停电处理；

（2）故障的电流互感器停电前应加强监视，并禁止在该电流互感器二次回路上工作；

（3）故障电流互感器停电后，应将该电流互感器二次侧所接保护及自动装置停用，或将故障电流互感器二次侧从保护、计量回路断开，短接后再进行处理。

115　电流互感器二次开路

异常现象

（1）巡视设备发现，电流互感器有较大的噪声；

（2）红外测温发现该电流互感器本体温度过高，或者明显高于其他相或其他同类回路；

（3）可能出现二次侧所接监控系统潮流指示较平时小，所接电能表停转或慢转；

（4）继电保护及自动装置可能会出现"装置告警"（非差动类保护装置，不闭锁装置）、"装置异常"（差动类保护如主变压器差动保护、母差保护、纵联差动保护等）信号，母联断路器母差保护用电流互感器二次开路除发出"装置告警"信号，还会发出"互联动作"或"单母方式"信号，不闭锁装置。

异常原因

（1）电流互感器二次回路断线；

（2）电流互感器二次回路接线端子或元件连接松动或接触不良。

处理建议

（1）应先分清故障属于哪一组电流回路、开路相别、对保护有无影响，汇报所属调度，停用可能误动的保护。

（2）处理时要防止二次绕组开路而危及设备和人身安全，应穿绝缘靴，戴绝缘手套，使用绝缘良好的工具。

（3）查明开路位置并设法将开路处进行短路，如果不能进行短路处理，可向所属调度申请停电处理。在进行短接处理过程中，必须注意安全，戴绝缘手套，使用合格的绝缘工具，在严格监护下进行。

（4）尽量减小一次侧电流，若电流互感器严重损伤，应转移负荷，停电检查处理。

（5）尽快设法在就近的试验端子上，将电流互感器二次短路，再检查处理开路点；短接时应使用良好的短路线，并按图纸进行。短接时应在开路点的前级回路中选择适当的位置短接。

（6）若短接时有火花，说明短接有效，故障点就在短接点以下的回路中，可进一步查找。

（7）若短接时无火花，可能是短接无效，故障点可能在短接点以上的回路中，可逐点向前变换短接点，缩小范围。

（8）在故障范围内，应检查容易发生故障的端子及元件，检查回路有工作时触动过的部位。

（9）对查出的故障，能自行处理的，如接线端子等外部元件松动、接触不良等，可立即处理，然后投入所退出的保护。

（10）不能自行处理的故障或不能自行查明的故障，应汇报相关管理部门，由专业人员处理，或经倒方式转移负荷，停电检查处理。

第八章

防雷设备异常分析及处理

116 避雷器外绝缘污闪或冰闪

异常现象

雨、雪天气后，巡视设备发现，避雷器外绝缘有闪络放电现象。

异常原因

(1) 避雷器外绝缘在严重污染的环境下，积污严重；
(2) 雨、雪、雾等潮湿天气形成污湿并存的污闪或冰闪条件。

处理建议

(1) 发现避雷器外绝缘有闪络放电现象后，应立即汇报所属调度及相关管理部门；
(2) 若闪络严重，应向所属调度申请进行停电处理。

117 避雷器瓷套有裂纹、破损现象

异常现象

巡视设备发现，避雷器瓷套有裂纹、破损现象。

异常原因

(1) 承受雷电流作用；
(2) 恶劣天气影响；
(3) 外力破坏；
(4) 质量不良。

处理建议

(1) 发现避雷器有裂纹、破损现象，人员不得靠近故障避雷器，防止避雷器突然爆炸以及设备突然断裂造成人员触电。
(2) 立即汇报所属调度及相关管理部门。
(3) 避雷器瓷套裂纹严重，且伴随有泄漏电流超标、本体严重发热，可能造成接地者，需停电更换，禁止用隔离开关停用故障的避雷器，应按如下方式进行停电操作：

1）线路避雷器瓷套裂纹严重需停电，需将相应线路停电即可。

2）单母线接线母线避雷器瓷套裂纹严重需停电，需将母线所有设备停电后，拉开故障避雷器隔离开关，再恢复母线运行。

3）双母线接线母线避雷器瓷套裂纹严重需停电，应先断开母联断路器，将两条母线隔离，将故障避雷器所在母线上的断路器冷倒至另一条母线运行，将故障避雷器所在母线停电。

4）任何接线方式下，主变压器桥避雷器裂纹严重需将主变压器停电，将避雷器退出运行，做好安全措施处理。拉开主变压器低、中压侧断路器后，检查运行主变压器各侧负荷，发现过负荷应及时处理，过负荷严重时，应联系所属调度，按照紧急拉路序位表进行拉限负荷。

5）3/2接线方式，主变压器未进串运行时，母线避雷器瓷套裂纹严重，可将故障避雷器所在母线停电处理。母线停运操作前，检查负荷情况，联系所属调度，提前限负荷。

（4）避雷器瓷套裂纹较小，泄漏电流也在允许范围内，且本体不发热，如天气正常，应请示所属调度停下避雷器，更换为合格避雷器；如天气不正常（雷雨），应尽可能不使避雷器退出运行，待雷雨后再处理。如果因瓷质裂纹已造成闪络，但未接地者，在可能条件下，应将避雷器停用。

118　避雷器引线断损或松脱

异常现象

巡视设备发现避雷器引线断损或松脱。

异常原因

（1）避雷器接线端子紧固不良，因大风和积雪的压力使引线脱落；
（2）雷击过电压产生火花放电，造成导线熔断或烧损；
（3）雷电流的热效应和电动力，使导线熔断或烧损。

处理建议

（1）发现避雷器引线断损或松脱后，立即向所属调度及相关管理部门汇报，申请停电处理。

（2）对于引线断损或松脱或有过热现象的避雷器，运维人员应远离避雷器，防止引线脱落造成人身触电。

（3）若避雷器引线烧损或松脱不严重，且天气无风晴好，可采用拉开避雷器隔离开关的方法将避雷器停电。

（4）若避雷器引线烧损或松脱严重，接头有过热现象，随时有可能脱落，造成接地或短路的，应按如下方式，将避雷器停电处理：

1）线路避雷器引线烧损或松脱严重需停电，需将相应线路停电即可。

2）单母线接线母线避雷器引线烧损或松脱严重需停电，需将母线所有设备停电后，拉开避雷器隔离开关，再恢复母线运行。

3）双母线接线母线避雷器引线烧损或松脱严重需停电，应先断开母联断路器，将两条母线隔离，将故障避雷器所在母线上的断路器冷倒至另一条母线运行，将故障避雷器所在母线停电。

4）任何接线方式下，主变压器桥避雷器引线烧损或松脱严重需将主变压器停电，将避雷器退出运行，做好安全措施处理。拉开主变压器低、中压侧断路器后，检查运行主变压器各侧负荷，发现过负荷应及时处理，过负荷严重时，应联系所属调度，按照紧急拉路序位表进行拉限负荷。

5）3/2接线方式，主变压器未进串运行时，母线避雷器引线烧损或松脱严重，可将故障避雷器所在母线停电处理。母线停运操作前，检查负荷情况，联系所属调度，提前限负荷。

（5）运维人员要做好现场的安全措施，以便专业人员对故障设备进行检查。

119 避雷器泄漏电流值偏大

异常现象

巡视设备发现，避雷器泄漏电流比基准值偏大。

异常原因

（1）天气影响，如雨、雾天气，空气湿度过大；
（2）避雷器内部故障，内部绝缘性能降低，造成泄漏电流偏大；
（3）泄漏电流表故障，如内部进水、表针断裂、指示刻度盘脱落或掉色。

处理建议

（1）避雷器的泄漏电流值在正常时应在规定值以下，当运维人员发现避雷器的泄漏电流值明显增大时，应立即向所属调度及相关管理部门汇报。

（2）将检查所得泄漏电流值与近期的巡视记录进行对比分析。

（3）用红外线检测仪对避雷器的温度进行测量，如发现避雷器本体温度比环境温度高出5℃及以上，即可确认避雷器内部故障，绝缘性能降低。

（4）若确认不属于表计故障，则可能为内部故障，应申请停电处理。

（5）确认避雷器泄漏电流值偏大是内部故障引起，运维人员应立即撤离现场，汇报所属调度，按下列方法将其停运：

1）线路避雷器故障，只需将相应线路停电即可。

2）单母线接线母线避雷器故障，需将母线所有设备停电后，拉开避雷器隔离开关，再恢复母线运行。

3）双母线接线母线避雷器故障，应先断开母联断路器，将两条母线隔离，将故障避雷器所在母线上的断路器冷倒至另一条母线运行，将故障避雷器所在母线停电。

4）所有接线方式下，主变压器桥避雷器故障，需将主变压器停电，将避雷器退出运行，做好安全措施处理。拉开主变压器低、中压侧断路器后，检查运行主变压器各侧负荷，发现过负荷应及时处理，过负荷严重时，应联系所属调度，按照紧急拉路序位表进行拉限负荷。

5）3/2接线方式母线避雷器故障，主变压器未进串运行时，可将故障避雷器所在母线停电，母线停电操作前，检查 负荷情况，联系所属调度，提前限制负荷。

（6）当确认避雷器泄漏电流偏大，是由于泄漏电流表故障引起，或泄漏电流表存在内部进水、表针断裂、指示刻度脱落或掉色，应加强对该避雷器的运行监视，同时按缺陷管理流程填报缺陷，交专业人员处理。

120　避雷器泄漏电流值偏小或为零

异常现象

巡视设备发现，避雷器泄漏电流表指示偏小或为零。

异常原因

（1）避雷器内部故障，内部材料烧损；
（2）避雷器接地引下线断裂或接触不良；
（3）泄漏电流表故障，如内部进水、表针断裂、指示刻度脱落或掉色、接地线断裂等。

处理建议

（1）当运维人员发现避雷器的泄漏电流值明显减小或为零时，应立即汇报所属调度及相关管理人员；
（2）与近期的巡视记录进行对比分析；
（3）详细检查避雷器外观和泄漏电流表，看有无本体和泄漏电流表接地引下线烧损、断裂现象，本体有无异音、异味等异常现象；
（4）如果排除了泄漏电流表故障，确认为避雷器内部故障或本体及泄漏电流表接地引下线烧损、断裂，应在天气晴朗的情况下，尽快将避雷器退出运行，交专业人员处理或更换；
（5）如果确认避雷器泄漏电流偏小是由于泄漏电流表故障引起，或者泄漏电流表存在内部进水、表针断裂、指示刻度脱落或掉色，应加强监视，同时按缺陷管理流程填报缺陷，交专业人员处理或更换。

121　避雷针锈蚀严重、倾斜、断裂或基础损坏

异常现象

巡视设备发现避雷针有严重锈蚀、本体倾斜、断裂或基础损坏现象。

异常原因

（1）运行时间过长；
（2）防腐处理不合格；
（3）外力破坏；

（4）安装工艺不合格；

（5）通过大的雷电流。

（1）发现避雷针有严重锈蚀、本体倾斜、断裂或基础破坏等现象，应按缺陷管理程序填报缺陷，并汇报所属调度和相关管理部门；

（2）检查避雷针异常时，不得攀爬避雷针；

（3）发现避雷针有倾倒可能时，人员应远离避雷针可能倾倒的位置；

（4）对倾斜和部分断裂的避雷针观察其倒伏方向，防止由于避雷针倒伏在设备上造成事故，此时应立即汇报所属调度和相关管理部门，尽快采取措施固定；

（5）异常未消除前，巡视设备应远离故障避雷针，对故障避雷针加强监视，制定应急措施，做好事故预想。

122 接地装置异常

异常现象

（1）巡视设备发现接地体、设备接地引下线有锈蚀、断裂、开焊现象；

（2）试验人员进行变电站设备接地导通试验，或者摇测设备的接地电阻时，测试数据不合格。

异常原因

（1）运行时间较长，防腐处理不够；

（2）外力破坏；

（3）通过过大的接地故障电流造成过热烧损。

处理建议

（1）当发现接地装置锈蚀严重、断裂、开焊，及接地电阻测试值不合格时，应按缺陷管理流程填报缺陷，并汇报所属调度及相关管理部门；

（2）设置安全遮栏，提醒人员不要靠近接地装置异常的设备，更不要接触其外壳和架构；

（3）不得徒手接触接地装置断裂或接触不良的设备外壳或架构，若有必要接触上述部分时，应穿绝缘靴并戴绝缘手套；

（4）雷雨天气或系统中有过电压时，不得接近接地装置断裂或接触不良的设备；

（5）异常未消除前，应制定应急处理措施，做好事故预想。

第九章

站用交流系统异常分析及处理

123 站用交流消失

异常现象

(1) 正常照明全部或部分失去;

(2) 直流硅整流装置跳闸,事故照明切换;

(3) 变压器冷却电源失去,风扇、油泵停转;

(4) 站用交流电压表、电流表指示为零。

异常原因

(1) 高压侧电源中断会造成站用电全部消失;

(2) 站用变压器或者高压侧引线故障,高压侧断路器跳闸或高压熔断器熔断;

(3) 低压母线故障,造成站用变压器低压侧断路器跳闸或熔断器熔断;

(4) 站用变压器低压侧自投装置在高压侧失电或低压断路器跳闸后未动作。

处理建议

(1) 先区分是否由于站用变压器高压侧失压引起,如高压侧电源消失,应检查处理站用变压器高压侧母线失电的故障。

(2) 检查站用变压器高压侧断路器是否跳闸(或高压侧熔断器是否熔断),如跳闸(或熔断)应检查站用变压器有无异常,高压侧引线是否短路。高压侧断路器跳闸未查明原因前不得试送电;高压侧熔断器熔断,可将站用变压器转检修,做好安全措施后更换熔断器,试送电,再次熔断应查明原因并处理。

(3) 检查工作电源跳闸后备用电源是否已正常切换,若未正常切换,应手动切换,保证站用负荷正常供电,再检查自投装置拒动的原因:

1) 若因为自投开关没打在投入位置,则应立即将其打到投入,使备用电源能正常投入运行;

2) 若因自投回路故障,使分段开关自投失败,则应手动拉开工作变压器低压侧开关,手合低压侧分段开关,使停电母线恢复供电;

3) 电源恢复正常后,运维人员应对各回路的设备进行巡视,检查各设备是否已正常投入运行,对没有投入运行的则应手动投入,事后汇报所属调度及相关管理部门。

(4) 对站内交流负荷失电进行紧急处理,主要是投入事故照明,监视主变压器温度,监视直流系统电压等：

1）在站用电失去期间要注意减少直流负荷，检查站内变压器负荷及温度，保护运行情况等；

2）恢复站用电时，必须首先保证尽快恢复变压器强油循环冷却装置和直流充电机电源。

124 站用电分路失电

异常现象

站用电分路失电，一部分站用负荷断电。

异常原因

（1）回路过热烧断；

（2）缺相运行；

（3）分路熔断器熔断或分路小开关跳闸。

处理建议

分路失电，应检查分路断路器是否跳闸，熔断器是否熔断，引线接头是否烧断以及线路有无断线故障等：

（1）当交流配电屏各分路的空气断路器跳闸时，允许立即强送一次，如不成功，则查明故障原因。

（2）各分路配电箱的熔丝熔断时，允许用相同规格的熔丝更换一次。在更换前，应先将该回路的空气断路器或隔离开关退出，换上熔丝后再合上。严禁带负荷或在带电回路换熔丝，以防电弧伤人。再次熔断则应查明原因，消除故障后再送，严禁增大熔丝规格或使用铜、铁丝代替熔丝。

125 站用变压器内有放电声

异常现象

巡视设备发现，站用变压器内部音响很大或异常，有放电声或爆裂声。

异常原因

（1）内部分接开关接触不良；

（2）内部局部绝缘性能下降；

（3）变压器油绝缘性能下降。

处理建议

（1）运维人员立即撤离现场；

（2）立即投入备用变压器，停下故障变压器；

(3) 汇报所属调度及相关管理部门，由专业人员检修处理。

126　站用变压器冒烟着火

异常现象

巡视设备发现站用变压器冒烟着火。

异常原因

(1) 变压器内部短路；
(2) 变压器内部过热。

处理建议

(1) 运维人员立即撤离现场；
(2) 投入备用变压器，停下故障变压器；
(3) 汇报所属调度及相关管理部门，交专业人员处理。

127　站用变压器本体过热

异常现象

巡视设备发现，在正常负荷和冷却条件下，站用变压器本体温度不正常并不断上升。

异常原因

(1) 内部存在短路或局部放电；
(2) 内部存在局部过热。

处理建议

(1) 运维人员立即撤离现场；
(2) 投入备用变压器，将故障站用变压器退出运行；
(3) 汇报所属调度及相关管理部门，交专业人员检查处理。

128　站用变压器套管严重破损、放电

异常现象

巡视设备发现，运行中的站用变压器套管严重破损或有放电现象。

异常原因

(1) 外力破坏；
(2) 安装不正确，使套管承受了过大的应力；
(3) 严重污秽，雨、雾天气造成闪络。

处理建议

(1) 运维人员立即撤离现场；

(2) 投入备用变压器，停下故障站用变压器；

(3) 汇报所属调度及相关管理部门，做好安全措施，交专业人员处理或更换。

129　站用变压器引线接头过热变色

异常现象

(1) 巡视设备发现，站用变压器引线接头过热变色，红外测温接头温度已达 70℃以上；

(2) 红外测温发现站用变压器引线接头温度已达 70℃以上，或明显高于其他两相。

异常原因

(1) 引线接头螺丝紧固不良，长期运行氧化严重，接触电阻增大；

(2) 单相负荷过重或过负荷。

处理建议

(1) 投入备用变压器，将引线接头过热的站用变压器退出运行；

(2) 汇报所属调度及相关管理部门，做好安全措施，交专业人员处理，并调整三相负荷，尽力达到平衡。

130　站用变压器高压熔断器熔断

异常现象

(1) 主变压器冷却装置失电告警，直流充电机交流失电告警，某些单相负荷失电；

(2) 站用配电屏故障相电流落零，和故障相有关的两个线电压降低；

(3) 检查发现站用变压器高压侧熔断器熔断。

异常原因

(1) 高压侧引线接地或短路；

(2) 站用变压器内部故障。

处理建议

(1) 投入备用变压器，退出故障站用变压器，并做好安全措施。

(2) 对故障站用变压器进行外观检查，当发现高压侧引线有接地或短路现象时，应汇报所属调度及相关管理部门，交专业人员处理。

(3) 如外观检查无异常，应更换同规格的熔断器，试送一次，试送成功，故障消除；如再次熔断，应将故障站用变压器退出运行，交专业人员处理。

131　站用变压器引线接头烧断

异常现象

（1）主变压器冷却装置失电告警，直流充电机交流失电告警，某些单相负荷失电；

（2）站用配电屏故障相电流落零，和故障相有关的两个线电压降低；

（3）检查发现站用变压器引线接头烧断。

异常原因

（1）引线接头螺栓紧固不良，氧化严重，接触电阻增大；

（2）单相负荷过大或过负荷。

处理建议

（1）投入备用变压器，将故障站用变压器退出运行；

（2）汇报所属调度及相关管理部门，交专业人员处理，并尽量使三相负荷平衡。

132　站用变压器严重渗漏油，油位计已看不到油面

异常现象

巡视设备发现站用变压器严重渗漏油，油位计中已看不到油面。

异常原因

（1）密封件老化；

（2）四周螺丝吃力不均；

（3）有砂眼；

（4）油标管破损。

处理建议

（1）投入备用变压器，将故障站用变压器退出运行；

（2）汇报所属调度及相关管理部门，交专业人员处理。

133　站用变压器油位降低

异常现象

巡视设备发现站用变压器油位较前次巡视记录明显降低。

异常原因

（1）假油位，由于油标管堵塞、油枕呼吸器堵塞造成；

（2）变压器严重漏油；

（3）修试人员因工作需要多次放油后未做补充；

（4）气温过低，油量不足。

处理建议

（1）立即对站用变压器进行外观检查；

（2）如发现油位降低是由于站用变压器严重漏油所致，应立即投入备用变压器，将故障站用变压器退出运行，汇报所属调度及相关管理部门，交专业人员处理；

（3）如确认站用变压器油位降低不是严重漏油所致，应加强监视，按缺陷管理流程填报缺陷，尽快安排处理。

134　站用变压器渗漏油

异常现象

巡视设备发现站用变压器渗漏油。

异常原因

（1）密封件老化；

（2）四周螺丝吃力不均；

（3）有砂眼；

（4）油标管破损。

处理建议

（1）发现站用变压器有渗漏现象，应仔细检查站用变压器外观，努力找到确切的渗漏点；

（2）加强对该站用变压器的监视，并按缺陷管理流程填报缺陷，尽快安排处理。

135　站用变压器油色变黑

异常现象

巡视设备发现站用变压器油位计中油色明显加深变黑。

异常原因

（1）油内杂质和氧化物增多；

（2）内部存在过热或放电。

处理建议

应加强监视，并按照缺陷管理流程填报缺陷，尽快安排试验、处理。

136 站用变压器呼吸器硅胶变色

异常现象

巡视设备发现站用变压器呼吸器硅胶变色。

异常原因

（1）长时间天气阴雨，空气湿度较大，因吸湿量过大而过快变色；

（2）硅胶玻璃罩有裂纹、破损；

（3）呼吸器下部油封罩内无油或油位过低，起不到良好的油封作用，使湿空气未经油滤而直接进入硅胶罐内；

（4）呼吸器安装不良，如胶垫龟裂不合格，螺栓松动，安装不密封等。

处理建议

应加强监视，并按照缺陷管理流程填报缺陷，尽快安排试验、处理。

第十章

站用直流系统异常分析及处理

137 直流接地

异常现象

（1）监控后台机、直流监控装置"直流接地"信号发出；

（2）直流绝缘监测装置显示一极对地电压降低，另外一极升高；

（3）发生其他异常现象，如直流熔断器熔断、直流小开关跳闸、误发信号、断路器误动、拒动等。

异常原因

（1）人为原因，如误碰、接线错误、工具使用不当等。

（2）直流回路严重污秽、受潮，接线盒、端子箱、机构箱进水，造成直流绝缘下降或接地。

（3）直流回路绝缘材料不合格、老化、绝缘受损引起直流接地。如磨伤、砸伤、压伤或过电流引起的烧伤，靠近发热元件（如灯泡、加热器）引起烧伤。

（4）大风刮动，使带电线头与接地体相碰造成接地。

（5）小动物爬入或异物跌落造成直流接地。

（6）由于带电体与接地体、直流带电体与交流带电体之间的距离过小等，当直流回路出现过电压时，将间隙击穿，形成直流接地。

（7）二次回路连接的设备元件组装不合理或错误，及平时不易发现的潜伏性接地故障，如交流电经高阻混入直流系统，某些平时不通电的回路，一旦通电，就出现接地。

（8）直流系统运行方式不当，如一个直流系统中两套绝缘监测装置同时投入造成直流假接地现象，造成绝缘监察故障误报。

处理建议

（1）利用直流绝缘监测装置测量正、负极对地电压，判明是正极接地还是负极接地。

（2）初步分析故障原因，如二次回路上是否有工作或设备相关操作；是否因天气影响，如梅雨、潮湿、进水等。若二次回路上有检修试验工作，应立即停止，检查接地现象是否消失。

（3）直流接地时，有直流接地检测仪的，使用检测仪查找接地回路。

（4）将直流系统分开为相对独立的系统，即分网法缩小查找范围，应注意查找过程中，不能使保护或控制直流消失。

（5）对不重要的直流馈线，可采用瞬时停电法查找有无接地点。接路查找的顺序是：

1）先找事故照明、信号回路、通信用电源回路、后找其他回路；

2）先找主合闸回路，后找保护回路；

3）先拉室外设备，后找室内设备；

4）先找简单保护回路，后找复杂回路。

（6）对于较为重要的直流馈线，可采用转移负荷法查找支路上有无接地点。即先合上另一条直流母线馈线开关，使直流负荷由两条母线并联供电，再拉开接地直流母线上的馈线开关，将直流负荷从一条直流母线转移至另一条直流母线，观察接地是否也随着回路转移至另一条直线母线，来判断该直流馈线有无接地，如无接地应倒回原运行方式。

（7）查出接地线路后恢复线路运行，再分别断开该线路所带的设备直流电源开关，找出接地点。未找到具体接地点时应断开接地线路直流开关，不得使直流系统长期带接地运行。

（8）若查找不成功，未找出接地线路，应汇报相关管理部门，由专业人员进行查找。

（9）查找直流接地时，必须由两人及以上配合进行，其中一人操作，一人监护，防止人身触电，做好安全措施。

（10）查找直流接地时，使用的工具要做好绝缘，不得徒手接触直流回路的导电部分，防止人为造成短路或另一点接地，防止人身触电。

（11）瞬断直流电源前，应经所属调度同意，并尽量缩短直流断开时间，一般不应超过3s，不论回路中有无故障，接地信号是否消失，均应及时投入。

（12）断开直流熔断器时，应先断正极，后断负极，投入时顺序相反。不得只断开一极，防止断开一极时，接地点发生"转移"而不易查找。

（13）防止保护误动，在瞬断操作电源和保护电源前，应经所属调度同意，退出可能误动的保护及自动装置，操作及保护电源给上后再投入保护。

（14）禁止使用灯泡查找直流接地故障，使用仪表检查时，应使用高内阻电压表，表计内阻不低于 $2000\Omega/V$。

（15）使用万用表测量直流电压时，应使用万用表的直流电压挡，禁止使用电流或电阻挡进行测量。

（16）运维人员不得打开继电器和保护箱。

（17）用以上方法查找直流接地，找不到接地点的原因可能有：

1）直流接地发生在充电设备、蓄电池本身和直流母线上；

2）当直流采用环网供电方式时，如不首先使环网解列，不能找到接地点；

3）发生直流串电（寄生回路）、同极两点接地、直流系统绝缘不良多处虚接地等情况，在拉路查找时，往往不能一下全部拉掉接地点，因而仍然有接地现象存在。

138　直流电压消失

异常现象

（1）直流电压消失，伴随有相关装置及直流馈线屏相关电源指示灯灭，监控后台机会发出"直流电源消失"或"控制回路断线"或"保护直流电源消失"或"保护装置异常"等信号及熔丝熔断或直流小开关跳闸，或相关装置指示灯全灭等现象；

（2）监控后台机上相关断路器、隔离开关位置指示呈红、绿以外的其他颜色，部分信号、音响全部或部分失去功能。

异常原因

（1）熔断器或小开关容量小或不匹配，在大负荷冲击下造成熔丝熔断或小开关跳闸，导致部分回路直流电压消失；

（2）熔断器或小开关质量不合格，接触不良导致直流电压失去；

（3）直流两点接地或短路造成熔丝熔断或小开关跳闸导致直流消失；

（4）直流接线断线；

（5）由于酸腐蚀、脱落或熔断使得直流蓄电池之间接条断路，使备用电源失去，导致在充电机（硅整流）故障或站用交流失去时引起全站直流电压消失。

处理建议

（1）直流电压消失后，应立即确定失电范围，汇报所属调度，停用相关保护，防止造成保护误动；

（2）检查直流开关是否跳闸或熔断器是否熔断，如跳闸试合直流开关或更换容量满足要求的合格熔断器；

（3）直流开关合不上或熔断器再次熔断应报相关管理部门由专业人员处理；

（4）如果相关的直流开关未跳闸或熔断器未熔断，就应检查相关的直流接线是否断线，直流开关或熔断器是否接触不良，能处理的，应立即处理，不能处理的应汇报相关管理部门，交专业人员处理；

（5）检查直流接线，处理直流失压，应由两人进行，其中一人操作，一人监护，使用的工具做好绝缘，禁止随意拆接直流接线，不得徒手接触直流回路的导电部分；使用万用表测量直流电压时应使用万用表的直流电压挡，禁止使用电流或电阻挡进行测量，不得打开继电器和保护箱；

（6）如直流失压是由于充电机故障或站用交流失压所致，在处理充电机或站用交流故障的同时，还应查找直流蓄电池之间的接条断线处，可临时采用容量满足要求的跨线将断路的蓄电池跨接，即将断路电池相邻两个电池正、负极相连，并且通知专业人员检查处理。

139 直流母线电压过低

异常现象

巡视设备发现直流屏直流母线电压表指示过低。

异常原因

（1）直流负荷过大；

（2）蓄电池组欠充电；

（3）直流电压调整不当；

（4）充电装置退出运行。

处理建议

（1）检查充电装置是否正常，是否有直流输出。如充电装置退出运行，应将其重新投入。

（2）检查浮充电流是否正常，直流负荷是否突然增大。若属直流负荷突然增大，应迅速调整直流母线电压，使母线电压保持在正常值。

（3）检查蓄电池是否有严重损坏。

140　直流母线电压过高

异常现象

巡视设备发现直流屏直流母线电压表指示过高。

异常原因

（1）直流负荷由于故障等原因大量减少；

（2）蓄电池过充电；

（3）直流电压调整不当；

（4）直流控制母线和合闸母线间的降压硅堆击穿，造成直流控制母线电压过高。

处理建议

（1）检查充电机充电方式是否正确，如充电机长时间运行在"均充"方式会造成直流母线电压过高；

（2）检查浮充电流是否过大，如浮充电流过大造成电压过高，应降低浮充电流，使母线电压恢复正常；

（3）检查直流负荷是否大量减少；

（4）如控制母线直流电压过高，应检查降压硅堆是否击穿。

141　站用交、直流回路串电

异常现象

监控后台机和直流监控装置出现直流电压过高、过低、接地等信号，巡视检查又发现站用直流屏母线电压表指示正常。

异常原因

（1）人为原因，如误碰、接线错误、工具使用不当等；

（2）直流回路绝缘材料不合格、老化、绝缘受损，如磨伤、砸伤、压伤或过电流引起的烧伤，靠近发热元件（如灯泡、加热器）引起的烧伤等，加之直流带电体与交流带电体之间距离过小，当交、直流回路出现过电压时，将间隙击穿，形成了交、直流回路串电；

（3）二次回路连接的设备元件组装不合理或错误及平时不易发现的潜伏性故障，如交流电经高阻混入直流系统，某些平时不通电的回路，一旦通电，就出现交、直流回路串电。

处理建议

（1）利用直流监测装置测量正、负极对地电压，判明是正极串电或负极串电。

（2）初步分析故障原因，如二次回路是否有工作或设备相关操作，是否因天气影响，如梅雨、潮湿、进水等。如二次回路有检修试验工作，应立即停止，检查串电现象是否消失。

（3）交、直流串电时，有直流接地检测仪的，使用检测仪查找串电回路。

（4）将直流系统分开为相对独立的系统，即分网法缩小范围，应注意查找过程中不能使保护或控制直流消失。

（5）查找过程应由两人进行，其中一人操作、一人监护。

（6）对不重要的直流馈线，可采用瞬时停电法查找有无串电点，拉路查找的顺序是：

1）先找事故照明、信号回路、通信用电源回路，后找其他回路；

2）先找主合闸回路，后找保护回路；

3）先找室外设备，后找室内设备；

4）先找简单保护回路，后找复杂回路。

（7）瞬断直流电源前，特别是断开、投入控制和保护回路直流电源前，应经所属调度同意，并尽量缩短直流断开时间，一般不应超过 3s，不论回路中有无故障，串电现象是否消失，均应及时投入。

（8）断开直流熔断器时，应先断正极、后断负极，投入时顺序相反；不得只断开一极，防止断开一极时，故障点发"转移"不易查找。

（9）防止保护误动，在瞬断操作电源和保护电源前，应经所属调度同意，退出可能误动的保护及自动装置，操作及保护电源给上后再投入保护。

（10）对于较为重要的直流馈线，可采用转移负荷法查找支路上有无故障点。先合上另一条直流母线馈线开关，使直流负荷由两条母线并联供电，再拉开故障直流母线上的馈线开关，将直流负荷由一条直流母线转移至另一条直流母线，观察串电是否也随着回路转移至另一直流母线，来判断该直流馈线有无串电，如无问题应倒回原运行方式。

（11）查出串电回路后，恢复线路运行。如属保护及自动装置电源，应汇报所属调度，退出所涉及的保护及自动装置。再分别断开该线路所带设备直流电源开关，找同串电点。

（12）查找交、直流串电时，使用的工具要做好绝缘，不得徒手接触直流回路的导电部分，防止人为造成短路或另一点接地、防止人身触电。

（13）禁止使用灯泡查找交、直流串电故障，使用仪表检查时，应使用高内阻仪表，表计内阻不低于 $2000\Omega/\text{V}$。

（14）使用万用表测量直流电压时，应使用万用表的直流电压挡，禁止使用电流挡和电阻挡进行测量。

（15）运维人员不得打开继电器和保护箱。

（16）未找到具体的串电故障点时，应断开故障线路，应汇报相关管理部门，由专业人员进行查找。

（17）如查找不成功，未找出故障线路，应汇报相关管理部门，由专业人员进行查找。

（18）用以上方法查找交、直流串电，找不到故障点的原因可能有：

1）串电故障点在充电设备上；

2）当直流采用环网供电方式时，如不首先使环网解列，不能找交、直流串电故障点；

3）发生直流串电（寄生回路）、同极两点串电（或一点串电、一点接地）、直流系统多处绝缘不良、虚接地等情况，在拉路查找时，往往不能一下全部拉掉故障点，因而仍然有接地现象存在。

142　蓄电池破损、漏液

异常现象

巡视设备，发现蓄电池破损、电解液漏出。

异常原因

（1）外力破坏；

（2）运行时间太久，多次充放电，蓄电池长时间欠充电或过充电，造成损坏。

处理建议

立即汇报相关管理部门，交专业人员进行更换。

143　蓄电池组接地

异常现象

直流系统发生接地，拉路发现接地点在蓄电池组。

异常原因

（1）蓄电池室漏雨、进水，造成接地；

（2）天气湿气太重，蓄电池组发生凝露，发生接地；

（3）个别蓄电池，特别是防酸蓄电池、镉镍蓄电池溢液、漏液造成接地；

（4）蓄电池组绝缘能力降低，造成接地；

（5）清扫不当，造成接地。

处理建议

（1）直流系统发生接地，拉路寻找发现接地点在蓄电池组，应立即对蓄电池组进行检查；

（2）如发现个别蓄电池有漏液、溢液现象，应立即清扫，同时加强监视，如接地不能消除，应立即汇报相关管理部门，交专业人员处理；

（3）如发现蓄电池组接地是由于漏雨进水，或者湿气太重凝露所致，应对蓄电池室及其门窗进行检查，查出其进水原因和位置，汇报相关管理部门进行修缮，同时组织人员使用干燥的毛巾、做过绝缘处理的毛刷进行清扫，直至接地消失；

（4）如果经仔细清扫后接地仍不能消除，应立即汇报相关管理部门，由专业人员处理；

（5）进入蓄电池室前，特别是防酸隔爆酸性蓄电池和碱性蓄电池室，应先开启通风设备通风 15min；

（6）蓄电池室内严禁烟火。

144　蓄电池容器破损，电解液漏出

异常现象

巡视设备发现，蓄电池组中个别电池容器破损，电解液漏出。

异常原因

（1）外力破坏，使蓄电池容器破损，电解液漏出。

（2）防酸隔爆蓄电池防酸帽堵塞，加之多次充放电或充电电压过高，充电时间过长，内部集聚大量气体，使内部压力大增，造成容器破损，电解液漏出。

（3）阀控密封蓄电池充电电流过大，充电电压过高，内部有短路或局部放电，温升超标，安全阀动作失灵等造成内部压力升高，导致壳体变形、破损。

（4）镉镍蓄电池因运行时间过久，安全阀堵塞，从接线柱溢出电解液。

处理建议

立即汇报相关管理部门，交专业人员更换。

145　防酸蓄电池内部极板短路

异常现象

（1）浮充电状态下，定期测试发现个别蓄电池端电压低于 2.0V；

（2）仔细观察，发现极板已经出现翘曲、臃肿或有效物质脱落等现象；

（3）隔极损坏。

异常原因

（1）运行时间长，曾出现过过度放电和大电流充电现象；

（2）曾出现过电解液液面过低，没有及时补充蒸馏水和电解液。

处理建议

立即汇报相关管理部门，并按缺陷管理流程填报缺陷，由专业人员进行更换。

146　防酸蓄电池极板开路

异常现象

（1）浮充电状态下，定期测试，发现蓄电池端电压明显高于 2.3V；

（2）仔细观察，发现该蓄电池极板表面和有效物质微孔内出现硫酸铅晶块，极板已硫化、翘曲、有效物质脱落等现象。

异常原因

（1）运行时间长，曾出现过过度放电、大电流充电现象；
（2）电解液液面长时间低于极板上沿，没有得到及时补充和维护。

处理建议

立即汇报相关管理部门，并按缺陷管理流程，填报缺陷，交专业人员更换。

147 **防酸蓄电池极板硫化**

异常现象

巡视设备发现，长期处于浮充电运行方式的防酸蓄电池，极板表面出现白色的硫酸铅结晶体（即已硫化）。

异常原因

（1）曾发生过低于放电终止电压（1.8V）的过度放电；
（2）曾用大于 10 小时充电电流的大电流充过电；
（3）自放电严重。

处理建议

（1）加强对该蓄电池的监视，增加对其电压、比重的测试次数，缩短其测试间隔；
（2）按缺陷管理流程填报缺陷，交专业人员处理。

148 **防酸蓄电池底部沉淀物过多**

异常现象

巡视设备发现，处于浮充电状态的个别防酸蓄电池底部沉淀物过多。

异常原因

（1）该蓄电池长期处于欠充或过充状态；
（2）自放电严重。

处理建议

（1）用吸管清除沉淀物；
（2）补充标准电解液至标准高度。

149 **防酸蓄电池极板翘曲、龟裂、变形**

异常现象

巡视设备发现，浮充电运行方式下的蓄电池极板发生了明显的翘曲、龟裂、变形，端电压高于 2.06V 或低于 2.0V。

异常原因

(1) 曾出现过过度放电；
(2) 曾用高于 10 小时充电电流的大电流充电。

处理建议

(1) 立即汇报相关管理部门，交专业人员处理；
(2) 如专业人员经核对性充放电，容量仍达不到 80% 以上，应进行更换。

150 **防酸蓄电池绝缘能力降低**

异常现象

(1) 监控后台机或直流系统监控装置发出直流接地信号，且正对地或负对地均能测出电压；
(2) 拉路发现接地点在蓄电池组。

异常原因

(1) 蓄电池组绝缘能力降低；
(2) 空气湿度大；
(3) 蓄电池室漏雨、进水；
(4) 蓄电池漏液、溢液。

处理建议

(1) 开启通风设备，对蓄电池室进行通风，降低湿度；
(2) 由两人（其中一人监护、一人操作）对整组蓄电池外壳和绝缘支架用干燥的毛巾和采取了绝缘措施的毛刷进行清扫，或者用酒精擦拭，使绝缘得以提高；
(3) 如接地现象仍不消除，应报相关管理部门，由专业人员处理。

151 **阀控密封铅酸蓄电池壳体变形**

异常现象

巡视设备发现，浮充电运行方式下的阀控密封铅酸蓄电池壳体变形。

(1) 充电电流过大；
(2) 充电电压超过 2.4V×N；
(3) 电池内部有短路或局部放电；
(4) 温升超标；
(5) 安全阀动作失灵。

处理建议

(1) 减小充电电流；
(2) 降低充电电压；
(3) 检查安全阀是否堵死；
(4) 变形严重的应更换蓄电池。

152　阀控铅酸蓄电池放电时电压下降过快

异常现象

处于浮充电运行方式的蓄电池，浮充电压正常，但一放电，电压很快下降到终止电压值（1.8V）。

异常原因

(1) 运行时间过长，蓄电池内部失水干涸；
(2) 电解物质变质。

处理建议

更换蓄电池。

153　镉镍蓄电池容量下降

异常现象

浮充电运行方式下浮充电压正常，但一放电，电压很快下降到终止放电电压。

异常原因

运行时间长，容量下降。

处理建议

(1) 更换电解液；
(2) 更换无法修复的电池。

154　蓄电池接线断开

异常现象

（1）浮充电流很小，或者落零；

（2）当有大的直流负荷投入时，直流母线电压会突然降低；

（3）当全站站用交流电失压，或者站用交流屏充电机电源开关跳闸，或者充电机交流输入开关（熔断器）跳闸（熔断）时，全站直流失压。

异常原因

（1）酸、碱腐蚀所致，使接线断路；

（2）外力破坏，使接线断路。

处理建议

（1）当发现处于浮充电运行方式下的蓄电池浮充电流明显下降或落零时，应到蓄电池室对蓄电池逐个进行检查；

（2）发现接线断开时，有条件的，可临时采用容量满足要求的跨线将断路的蓄电池跨接，即将断路电池相邻两个电池正负极相连，并立即汇报相关管理部门，由专业人员检查处理。

155　工频交流充电装置交流电源中断

异常现象

（1）监控后台机和工频交流充电装置微机控制器发出警报，工频交流充电装置微机控制器"充电机故障"指示灯亮，在监控后台机和工频交流充电装置微机控制器报出"直流充电机交流断电""I段直流故障"或"II段直流故障"光字信号；

（2）蓄电池组开始放电，带起全部直流负荷；

（3）事故照明自动切换为直流供电。

异常原因

（1）站用电消失；

（2）低压配电屏直流充电机用交流电源开关跳闸或熔断器熔断；

（3）工频交流充电机交流输入开关跳闸或熔断器熔断；

（4）连接工频交流充电机的交流线路断线。

处理建议

（1）按下复归按钮，解除音响信号；

（2）检查工频交流充电机外观有无异常；

（3）检查工频交流充电机盘后电源熔断器是否熔断，开关是否跳闸；

（4）检查站用低压盘充电机交流开关是否跳闸；

（5）若无明显异常，试投一次，试投成功则继续运行；若不成功，不可再投，断开故障工频交流充电机交流电源后，试投备用充电机，并立即汇报相关管理部门，交专业人员处理；

（6）在交流失电过程中，应密切监视直流母线电压，若无自动调压装置，应进行手动调节，确保母线电压的稳定；

（7）交流电源恢复送电，应立即对蓄电池组进行恒流限压充电→恒压充电→浮充电。

156　工频交流充电装置内部故障

异常现象

（1）工频交流充电机微机控制器报警，"充电机故障"指示灯亮，在微机控制器和监控后台机报出"直流充电机故障""I段直流故障"或"II段直流故障"光字牌；

（2）蓄电池组开始放电，带起全部直流负荷；

（3）事故照明自动切换为直流供电。

异常原因

（1）站用电消失；

（2）低压配电屏工频交流充电机用交流电源开关跳闸或熔断器熔断；

（3）工频交流充电机交流开关跳闸或熔断器熔断；

（4）连接工频交流充电机的交流线路断线；

（5）工频交流充电机内部故障。

处理建议

（1）按下复归按钮，解除音响信号。

（2）检查工频交流充电机外观有无异常，有无焦臭味。如有，说明工频交流充电机内部已发生故障。此时应断开故障工频交流充电机交流电源后，试投备用充电机，并立即向相关管理部门汇报，交专业人员处理。

（3）如外观检查无异常，应检查工频交流充电机盘后电源熔断器是否熔断，开关是否跳闸；检查站用低压盘充电机交流电源开关是否跳开。

（4）此时试投入一次，试投成功，则继续运行；若不成功，不得再投，断开故障工频交流充电机电源后，投入备用充电机，并立即向相关管理部门汇报，交专业人员处理。

（5）在处理过程中，应派专人密切监视直流母线电压，若无自动调压装置，应进行手动调节，确保母线电压稳定。

157　工频交流充电机微机监控器故障

异常现象

（1）巡视设备发现工频交流充电机微机监控器电源指示灯不亮，液晶显示屏黑屏，充电方式切换异常；

（2）在常规检查中发现微机监控器失灵。

微机监控器失灵。

（1）立即将充电装置转为手动运行；

（2）立即汇报相关管理部门，交专业人员尽快处理。

158 微机模块化充电装置微机控制器内部程序出错

监控后台机发出"直流系统告警""直流系统通信中断"信号，微机模块化充电装置微机控制器告警灯亮，液晶显示自检出错。

微机模块化充电装置微机控制器内部程序出错。

（1）加强对直流系统的监视，增加巡视次数，缩短巡视周期；

（2）将充电装置各高频开关电源模块由自动转为手动运行；

（3）立即汇报相关管理部门，交专业人员处理。

159 微机模块化充电装置高频开关电源模块故障

巡视设备发现，直流系统微机模块化充电装置高频开关"运行"指示灯灭，液晶屏无指示。

直流系统微机模块化充电装置高频开关模块交流电源线路断线，或者交流电源输入模块故障。

（1）仔细检查故障高频开关盘后交流电源接线端子有无松动，面板上的电源开关是否跳闸。

（2）若是面板上的交流电源开关跳闸，盘后交流电源接线无短路、断线，可试合一次电源开关，试投成功则继续运行。若不成功，应立即汇报上级管理部门，由专业人员处理。

（3）若直流高频开关交流开关未跳闸，盘后交流电源接线无短路、断线，可能是高频开关交流输入模块故障，应拉开该高频开关的交流电源开关，将该高频开关退出运行，按缺陷管理流程填报缺陷，等候专业人员更换或处理。

160 微机模块化充电装置高频开关损坏

异常现象

微机模块化充电装置控制模块"告警"指示灯亮，液晶屏指示"充电装置故障"，一个或几个高频开关"故障"指示灯亮。

异常原因

高频开关模块故障。

处理建议

（1）如果是一个高频开关模块故障，应复归音响，将该高频开关方式选择开关由"运行"切换至"退出"，拉开其交流电源开关，按缺陷管理流程填报缺陷，等待专业人员更换或处理，同时加强对直流系统的监视，密切注意浮充电流、直流负荷、直流电压的变化；

（2）如果出现两个或两个以上高频开关故障，应复归音响，认真计算，在确保正常运行的高频开关的额定电流之和大于直流系统最大负荷电流的前提下，将正常运行的高频开关的"自动均充"功能关闭后，退出所有故障的高频开关，汇报相关管理部门，交专业人员更换或处理。

第十一章

并联电容器组异常分析及处理

161　并联电容器组渗漏油

异常现象

巡视设备发现，运行中的电容器外壳或下部有油渍。

异常原因

(1) 搬运、安装、检修时造成法兰或焊接处损伤，使法兰焊接出现裂缝；

(2) 接线时拧螺钉过紧，瓷套焊接出现损伤；

(3) 产品制造缺陷；

(4) 温度急剧变化，由于热胀冷缩使外壳开裂；

(5) 在长期运行中漆层脱落，外壳严重锈蚀；

(6) 设计不合理，如使用硬排连接，由于热胀冷缩，极易拉断电容器套管。

处理建议

(1) 发现电容器组渗油时，如渗油不严重，可不申请停电处理，只需要按缺陷管理流程上报缺陷，并必须随时监视；

(2) 若渗油严重，必须立即汇报所属调度及相关管理部门，申请停电进行处理。

162　并联电容器组外壳膨胀变形

异常现象

巡视设备时发现运行中的电容器外壳有鼓肚等变形现象。

异常原因

(1) 介质内产生局部放电，使介质分解而析出气体；

(2) 部分元件击穿或极对外壳击穿，使介质析出气体；

(3) 运行电压过高或拉开断路器时重燃引起的操作过电压作用；

(4) 运行温度过高，内部介质膨胀过大。

处理建议

发现电容器外壳明显膨胀或有油质流出时，应立即汇报所属调度，将电容器组退出运行。在停电前不得再接近发生异常的电容器组，防止电容器爆炸伤人。

163 并联电容器组单台电容器熔丝熔断

异常现象

（1）巡视设备时发现，并联电容器组单台电容器熔丝熔断。

（2）监盘时发现，监控后台机上并联电容器组三相电容不平衡。甚至会出现电容器组差动保护或平衡保护动作跳闸的现象。

异常原因

（1）过电流；

（2）电容器内部短路；

（3）外壳绝缘故障。

处理建议

（1）运行中电容器组单台电容器熔丝熔断，应立即汇报所属调度。

（2）严格控制运行电压。

（3）遵照所属调度命令，将电容器组停电，并充分放电后更换同型号、同容量的熔断器，将电容器组投入运行。在接触电容器前，应戴绝缘手套，用短路线将电容器两极短接，方可进行更换，对双星形接线电容器的中性线及多个电容器的串接线，还应单独放电。如投入后继续熔断，应退出该组电容器。

（4）按照缺陷管理流程填报缺陷，由专业人员测量绝缘，对于双极对地绝缘电阻不合格或交流耐压不合格的应将故障的单台电容器及时更换。

（5）测量电容器两极对外壳和两极间的绝缘电阻，应由两人进行，测量前用导线将电容器放电，测试完毕后，将电容器上的电荷放尽，以防人身触电。

（6）因熔断器熔断引起相间电流不平衡接近 2.5％时，应更换故障电容器组或拆除其他相电容器进行调整。

164 并联电容器组接头过热或熔化

异常现象

（1）运维人员红外测温发现并联电容器接头有过热现象；

（2）运维人员巡视设备时发现，并联电容器组接头试温蜡片有位移或熔化或变色现象；

（3）运维人员在雨雪天气观察，发现并联电容器组接头有过热现象，红外测温确认接头已经过热。

异常原因

（1）安装不合格，造成电容器组接头接触电阻过大，造成接头发热；

（2）长期运行，使电容器组接头氧化，接触电阻过大，造成接头发热严重。

发现并联电容器组接头过热，温度超过 40℃时，就应加强监视，增加测温次数，缩短测温周期；当接头温度快速接近 70℃时，应立即汇报所属调度及相关管理部门，立即停电，交专业人员处理。

165 　并联电容器组温升过高

异 常 现 象

运维人员通过红外测温、试温蜡片或雨雪天观察发现并联电容器组温度过高。

异 常 原 因

(1) 电容器组冷却条件变差，如室内布置的电容器组通风不良，环境温度过高，电容器布置过密等；
(2) 系统中的高次谐波电流影响；
(3) 频繁切合电容器，使电容器反复承受过电压的作用；
(4) 电容器内部元件故障，介质老化、介质损耗增大；
(5) 电容器组过电压或过电流运行。

处 理 建 议

(1) 发现电容器温度过高，外壳温度超过 55℃，必须严密监视和控制环境温度；
(2) 如室温过高，超过 40℃时，应改善通风条件或采取冷却措施控制温度在允许范围内，如控制不住则应联系所属调度，停电处理；
(3) 在高温、长时间运行的情况下，应定时对电容器进行温度检测，如系电容器本身问题造成温度过高，则应停电处理。

166 　并联电容器组声音异常

异 常 现 象

运维人员巡视设备时发现，运行中的电容器组声音异常。

异 常 原 因

(1) 内部故障击穿放电；
(2) 外绝缘放电闪络；
(3) 固定螺钉或支架等松动。

处 理 建 议

(1) 发现电容器内部有异常声音，在停电前不得再接近发生异常的电容器组，防止检查过程中电容器组爆炸伤人；

（2）如果发现声音异常是由于电容器组内部放电或外部放电引起的，应立即汇报所属调度，将故障电容器停电，交专业人员试验检查；

（3）如发现声音异常是由于电容器组外部固定螺钉或支架松动等外部原因造成的，应汇报所属调度及相关管理部门，尽快停电处理。

167　并联电容器组过电流运行

异常现象

监控人员或运维人员发现运行中的电容器组电流超过额定值。

异常原因

（1）过电压；

（2）高次谐波影响；

（3）运行中的电容器容量发现变化，容量增大。

处理建议

（1）监控人员或运维人员监盘中发现运行中的并联电容器组电流超过额定电流时，应加强监视，密切注意电容器组的运行电压和电流；

（2）当电容器组的电流有持续上升的趋势，但还不到额定电流的1.3倍时，应立即汇报所属调度，尽快停电，交专业人员试验检查。

168　并联电容器组过电压运行

异常现象

监控人员或运维人员发现并联电容器所在母线电压超过电容器额定电压。

异常原因

（1）电网电压过高；

（2）电容器未根据无功负荷的变化及时退出，造成补偿容量过大；

（3）系统中发生谐振过电压。

处理建议

（1）当监控人员或运维人员发现并联电容器组所在母线电压超过电容器组的额定电压时，应密切注意电容器组过电压倍数与其运行时间，检查过电压原因，并及时汇报所属调度；

（2）当过电压倍数达到1.05，且连续不变时，应申请所属调度，将该组电容器停电，交专业人员试验检查；

（3）当过电压倍数达到1.10，且每隔24h超过8h时，应申请所属调度，将该组电容器停电，交专业人员试验检查；

（4）当过电压倍数超过 1.15，且每隔 24h 超过 30min 时，是系统电压调整和波动造成的，应申请所属调度，将该组电容器停电，交专业人员试验检查；

（5）当过电压倍数超过 1.20，且持续时间超过 5min 时，属轻负荷时的电压升高，应申请所属调度，将该组电容器停电，交专业人员试验检查；

（6）当过电压倍数超过 1.30，且持续时间超过 1min 时，属轻负荷时的电压升高，应申请所属调度，立即将该组电容器停电，交专业人员试验检查。

169　并联电容器组三相电流不平衡

异常现象

监控人员或运维人员监盘时或日常巡视时发现并联电容器组三相电流不平衡。

异常原因

（1）电容器组容量发生变化；
（2）分散布置电容器组某一相有单只电容器熔丝熔断。

处理建议

（1）发现电容器组三相电流不平衡，运维人员应立即到现场进行检查。

（2）当发现电容器组三相电流不平衡度不超过 5% 时，应立即检查系统电压是否平衡，单台电容器熔丝是否熔断，查出原因后报所属调度及相关管理部门，酌情处理。

（3）如无上述原因，可能是电容器组容量发生变化，应汇报所属调度及相关管理部门，尽快将该组电容器退出运行，交专业人员检查处理。

170　并联电容器组套管破裂或放电，瓷绝缘子表面闪络

异常现象

巡视设备发现，运行中的电容器组套管破裂或放电，瓷绝缘子表面闪络。

异常原因

（1）电容器套管表面脏污或环境污染，再遇上恶劣天气（如雨、雪）和遇有过电压时，可能产生表面闪络放电；

（2）外力破坏或安装不合格，使电容器套管承受不正常应力，进而产生裂缝，降低了套管的绝缘性能，在雨雪天气，裂缝处进水造成闪络接地，冬天融雪水进入套管裂缝处结冰会造成套管破裂。

处理建议

当发现运行中的并联电容器组出现套管破裂或放电，瓷绝缘表面闪络时，应立即汇报所属调度，将该组电容器退出运行，交专业人员处理或更换。

第十二章

高压电抗器异常分析及处理

171 油浸式高压电抗器声音异常

异常现象

巡视设备时发现，油浸式高压电抗器，运行中声音比平时增大或有其他声音。

异常原因

（1）响声均匀，但比平时增大，可能是电网电压较高，发生单相过电压或产生谐振过电压等；

（2）有杂音，可能是零部件松动或内部原因造成的；

（3）有放电声，外表放电多半是污秽严重或接头接触不良造成的；内部放电多半是不接地部件静电放电、线圈匝间放电等。

处理建议

（1）高压电抗器响声均匀，但比平时增大，应加强监视电抗器的运行电压及所在系统是否存在单相过电压或谐振过电压，再根据情况进行相应的处理。

（2）高压电抗器有杂音，应首先检查有无零部件松动，查看电流指示、电压指示是否正常。以上检查未见异常时，有可能是内部原因造成的，应汇报所属调度和相关管理部门，将该高压电抗器退出运行，由专业人员进行检查处理。

（3）高压电抗器内部有放电声，应仔细检查判明放电声是来自表面还是由内部发出，外表放电多半是污秽严重或接头接触不良造成的，应汇报所属调度及相关管理部门，停电处理；内部放电声多半是不接地部件静电放电、线圈匝间放电等，这时应加强监视，并及时上报所属调度和相关管理部门。

172 干式空芯电抗器声音异常

异常现象

（1）干式空芯电抗器在运行中或拉开后听到有"咔咔"声；

（2）巡视设备发现，运行中的干式空芯电抗器有其他异声。

异常原因

（1）运行中或拉开后的干式空芯电抗器听到有"咔咔"声，这是电抗器由于热胀冷缩而发出的正常声音；

（2）如有其他异音，可能是紧固件、螺钉等松动或是内部放电造成的。

处理建议

（1）运行中或拉开后的干式高压电抗器发出"咔咔"声，应加强监视；

（2）若运行中的干式高压电抗器有其他异音，应尽量远离故障电抗器进行仔细检查，查找发出声音的原因，并立即汇报所属调度及相关管理人员，申请将其退出运行，由专业人员进行检查处理。

173　油浸式高压电抗器温度异常

异常现象

（1）巡视设备发现，油浸式高压电抗器温度计指示偏高；

（2）监控后台机发出预告警报，报出"电抗器超温"信号。

异常原因

（1）过电压运行；

（2）温升的设计裕度取得小，使设计值与国标规定的温升限值很接近；

（3）附近有铁磁性材料形成铁磁环路，造成电抗器漏磁损耗过大。

处理建议

（1）发现油浸式高压电抗器温度异常，应立即到现场进行检查。

（2）检查电抗器油位、油色有无异常，并结合无功负荷、电压高低、环境温度分析对照，初步判明高压电抗器内部有无问题；检查过程中，不得触及设备过热部分。

（3）将检查分析结果汇报所属调度和相关管理部门，听候处理。

174　干式空芯高压电抗器温度异常

异常现象

（1）巡视设备发现，干式空芯电抗器接头及包封表面冒烟。

（2）红外成像测温时发现，干式空芯电抗器接头及包封表面过热，温度超过60℃。

（3）巡视设备发现，干式空芯电抗器包封表面出现不明显变色。

异常原因

（1）制造原因，如绕制绕组时，线轴的配重不够、绕制速度过快和停机均可能造成绕组松紧度不好和绕组电阻的变化。

（2）接线端子和绕组焊接处的焊接电阻由于焊接质量的问题产生附加电阻，该焊接电阻产生附加损耗使接线端子处温升过高；另外，在焊接时由于接头设计不当、焊缝深宽比太大，焊道太小，热脆性等原因产生的焊缝金属裂纹都将降低焊接质量，增大焊接电阻，也会造成焊接处温度升高。

处理建议

（1）当红外测温发现干式空芯电抗器接头及包封表面异常过热，或巡视设备发现干式空芯电抗器接头及包封表面冒烟时，不得触及设备过热部分，应将该电抗器立即退出运行，汇报所属调度及相关管理部门，由专业人员处理；

（2）当巡视设备发现干式空芯电抗器内有鸟窝或有异物，影响通风散热，以及发现包封表面有不明显变色时，应按缺陷管理流程填报缺陷按检修计划处理。

175　高压电抗器套管闪络放电

异常现象

巡视设备发现，高压电抗器套管有闪络放电现象。

异常原因

（1）表面粉尘污秽过多，阴雨雾天气因电场不均匀发生放电；

（2）系统出现过电压，套管内存在隐患而放电闪络击穿；

（3）高压套管制造质量不良，末屏出线焊接不良或小绝缘子芯轴与接地螺套不同心，接触不良以及末屏不接地，导致电位提高而逐步损坏形成放电闪络。

处理建议

发现高压电抗器套管闪络放电，因可能会导致发热老化，绝缘下降而爆炸，所以应立即汇报所属调度及相关管理部门，将该电抗器退出运行，交专业人员检查处理、更换。

176　高压电抗器引线断股或散股

异常现象

巡视设备发现，高压电抗器引线断股或散股。

异常原因

（1）施工时造成机械损伤；

（2）冬季气候影响造成导线内部张力过大。

处理建议

（1）发现运行中的高压电抗器引线有松股、散股、断股现象时，应立即汇报所属调度和相关管理部门，按缺陷管理流程填报缺陷，安排处理；

（2）处理前应加强巡视，缩短巡视周期，增加巡视次数，做好事故预想及电抗器停电的操作准备和事故处理准备；

（3）如电抗器引线断股严重时，人员应远离异常设备，防止引线脱落造成人身触电。

同时请示所属调度，将该电抗器停电修复或更换。

177 油浸式高压电抗器油位异常

异常现象

（1）巡视设备发现，油浸式高压电抗器油位异常；
（2）监控后台机发出预告音响，报出电抗器"油位高"或"油位低"信号。

异常原因

（1）油位过低，主要原因是电抗器严重渗漏油、气温过低、油枕储量不足、气囊漏气等；
（2）油位过高，主要原因是环境温度很高，高压电抗器油枕储油较多时，可能会发出油位高信号。

处理建议

（1）油位偏低或偏高时，应加强监视，按缺陷管理流程报缺陷处理；
（2）由于渗漏油造成油位过低时，应汇报所属调度及相关管理部门，申请停电处理。

178 油浸式高压电抗器渗漏油

异常现象

巡视设备发现，油浸式高压电抗器有渗漏油现象。

异常原因

（1）阀门系统渗漏油，是因为蝶阀胶垫材质安装不良，放油阀精度不高，螺纹处渗漏；
（2）胶垫、接线螺钉、高压套管基座、TA 出线接线螺钉胶垫密封不良无弹性，小绝缘子破裂渗漏；
（3）胶垫因材质不良龟裂失去弹性，不密封而渗漏；
（4）高压套管升高座法兰、油箱外表、油箱法兰等焊接处因材质薄加工粗糙形成渗漏等。

处理建议

（1）轻微漏油或渗油属于一般缺陷，可加强监视，报所属调度及相关管理部门，安排计划处理；
（2）严重漏油应申请停电处理，在停电前应加强监视，做好事故预想和应急处理准备。

179 油浸式高压电抗器呼吸器硅胶变色过快

异常现象

巡视设备发现，油浸式高压电抗器呼吸器硅胶变色过快。

硅胶罐有裂纹破损，呼吸管道密封不严，油封罩内无油或油位太低，胶垫龟裂不合格，螺钉松动或安装不良等使湿空气未经过滤而直接进入硅胶罐内。

呼吸器硅胶变色过快，应查找变色过快的原因，按缺陷管理流程填报缺陷处理。

180 干式空芯电抗器包封表面有爬电痕迹、裂纹或沿面放电

巡视设备发现，干式电抗器包封表面有爬电痕迹、裂纹或沿面放电。

(1) 运行时间长，表面积污严重。

(2) 运行时间长，表面喷涂的绝缘材料出现粉化现象，形成污层。

(3) 在大雾和雨天，表面污层受潮，导致表面泄漏电流增大，产生热量。

(4) 表面泄漏电流集中流过的区域水分蒸发较快，造成表面部分区域出现烘干区，引起局部表面电阻改变，电流在该中断处形成很小的局部电弧。

(5) 随着时间的增长，电弧将发展合并，在表面形成树枝状放电烧痕，引起沿面树枝状放电，绝大部分树枝状放电产生于电抗器端部表面与星状板相接触的区域。

(6) 进一步发展，会造成匝间短路，即短路线匝中电流剧增，温度升高到使线匝绝缘损坏，高温下导线熔化。

(1) 当发现干式电抗器包封表面出现沿面放电时，应立即远离故障电抗器，将其退出运行，并及时汇报所属调度及相关管理部门，做好安全措施，由专业人员检查处理；

(2) 当发现干式电抗器包封表面存在爬电痕迹以及裂纹现象时，应立即远离故障电抗器，加强监视，并及时汇报所属调度及相关管理部门，尽快退出运行。

181 干式电抗器支持绝缘子有倾斜变形或位移、裂纹

巡视设备发现运行中的干式电抗器支持绝缘子有倾斜变形或位移、绝缘子裂纹等现象。

(1) 安装时支持绝缘子受力不均匀；

(2) 基础沉陷或地震；

(3) 冰雹或大风刮起的杂物碰撞。

（1）当发现干式电抗器支持绝缘子有倾斜变形（或位移），但暂不影响运行时，应加强监视，及时汇报所属调度及相关管理部门，尽快退出运行，交专业人员处理；

（2）当发现干式电抗器绝缘子有明显裂纹或倾斜变形时，应立即远离故障电抗器，停电，将其退出运行，随后应及时汇报所属调度及相关管理部门，做好安全措施，交专业人员处理。

182　干式电抗器附近接地体、围网、围栏等异常发热

异常现象

巡视设备发现干式电抗器附近接地体、围网、围栏等异常发热。

异常原因

（1）在电抗器轴向位置有接地网，径向位置有设备、遮栏、构架等，都可能因金属体构成闭环造成较严重的漏磁问题，对周围环境造成严重影响。

（2）若有闭环回路，如地网、构架、金属遮栏等，其漏磁感应环流达数百安培。这不仅增大损耗，更因其建立的反向磁场同电抗器的部分绕组耦合而产生严重问题，如是径向位置有闭环，将使电抗器绕组过热或局部过热，相当于电抗器二次侧短路；如是轴向位置存在闭环，将使电抗器电流增大和电位分布变化，故漏磁问题并不能简单地认为只是发热或增加损耗。

处理建议

（1）当发现干式电抗器附近接地体、围网、围栏等异常发热时，应立即使用红外成像测温仪到现场，查看该电抗器是否有局部发热现象，并不得触及设备过热部分。

（2）如发现设备有过热点，则应一方面加强监视，一方面汇报所属调度及相关管理部门，应减小该电抗器的负荷，并加强通风。必要时可采用临时措施，采用轴流风扇冷却（户内设备），待有机会停电时，再进行处理。

183　干式空芯电抗器撑条松动或脱落

异常现象

巡视设备时发现，运行中的干式空芯电抗器有撑条松动或脱落现象。

异常原因

（1）安装质量不良导致紧固螺钉松动；
（2）长期运行振动导致紧固螺钉松动。

处理建议

此时应加强监视，并立即汇报所属调度及相关管理部门，尽快退出运行，由专业人员

处理。

184　干式电抗器绝缘支柱绝缘子或包封不清洁

异常现象

巡视设备发现，运行中的干式电抗器绝缘支柱绝缘子或包封不清洁。

异常原因

（1）长期运行，表面积污严重；
（2）长期运行，包封表面喷涂的绝缘材料出现粉化现象，形成污层。

处理建议

按照缺陷管理流程，填报缺陷，按检修计划处理。

185　干式空芯电抗器金属部分锈蚀

异常现象

巡视设备发现，运行中的干式空芯电抗器金属部分有锈蚀现象。

异常原因

（1）长期运行，雨雪侵蚀或空气温度太大；
（2）防腐处理不合格。

处理建议

按照缺陷管理流程，填报缺陷，按检修计划处理。

186　干式空芯电抗器内有鸟窝或有异物

异常现象

巡视设备发现，运行中的干式空芯电抗器内有鸟窝或有异物，影响通风散热。

异常原因

有鸟筑巢或大风刮落异物。

处理建议

按照缺陷管理流程，填报缺陷，按检修计划处理。

第十三章

接地变压器和消弧线圈异常分析及处理

187 接地变压器和消弧线圈渗漏油

异常现象

巡视设备时发现接地变压器和消弧线圈外壳或下部有油渍或油滴。

异常原因

（1）外壳密封不严；

（2）油标管与外壳间有间隙；

（3）放油或加油后阀门关闭不严；

（4）油位过高，温度升高时有油从上部溢出。

处理建议

（1）接地变压器和消弧线圈渗漏油，但还能看到油位时，应找到具体的渗漏点，汇报所属调度和相关管理部门，尽快退出运行，进行处理。

（2）当发现接地变压器和消弧线圈漏油，从油位指示器已看不到油位时，应采取下列方法，将其退出运行，并及时汇报所属调度和相关管理部门，做好安全措施，交专业人员检查处理：

1）在系统存在接地故障的情况下，不得停用消弧线圈，且应严格对其上层油温加强监视，其值最高不得超过 95℃，并迅速查找和处理单相接地故障，应注意允许带单相接地故障运行时间不得超过 2h，否则应将故障线路断开，停用消弧线圈；

2）若接地故障已查明，将接地故障切除后，检查接地信号已消失，中性点位移电压很小时，方可用隔离开关将消弧线圈拉开；

3）若接地故障点未查明，或中性点位移电压超过相电压的 15% 时，接地信号未消失，不得用隔离开关拉开消弧线圈，可作如下处理：

①投入备用变压器或备用电源；②将接有消弧线圈的变压器各侧断路器断开；③拉开消弧线圈的隔离开关，隔离故障；④恢复原运行方式。

188 接地变压器和消弧线圈内部有放电声

异常现象

巡视设备时，听到接地变压器或消弧线圈内部有"噼啪"声或"吱吱"声。

（1）绕组绝缘损坏，对外壳或铁芯放电；
（2）铁芯接地不良，在感应电压作用下对外壳放电。

处理建议

发现接地变压器和消弧线圈内部有放电声，应采取下列方法，将其退出运行，并及时汇报所属调度和相关管理部门，做好安全措施，交专业人员检查处理：

（1）在系统存在接地故障的情况下，不得停用消弧线圈，且应严格对其上层油温加强监视，其值最高不得超过 95℃，并迅速查找和处理单相接地故障，应注意允许带单相接地故障运行时间不得超过 2h，否则应将故障线路断开，停用消弧线圈。

（2）若接地故障已查明，将接地故障切除后，检查接地信号已消失，中性点位移电压很小时，方可用隔离开关将消弧线圈拉开。

（3）若接地故障点未查明，或中性点位移电压超过相电压的 15％时，接地信号未消失，不得用隔离开关拉开消弧线圈，可作如下处理：

①投入备用变压器或备用电源；②将接有消弧线圈的变压器各侧断路器断开；③拉开消弧线圈的隔离开关，隔离故障；④恢复原运行方式。

189 接地变压器和消弧线圈套管污秽严重、破裂、放电或接地

异常现象

巡视设备发现，接地变压器和消弧线圈套管污秽严重，或有破损、放电或接地现象。

异常原因

（1）接地变压器和消弧线圈安装地点空气污染严重、长期得不到清扫等会造成套管污秽严重。在雨、雪、大雾等潮湿天气，套管上的污秽与水结合会形成导电带，造成套管放电或接地。

（2）套管安装质量不良，受力不均匀或者受到恶劣天气（如冰雹等）影响会使套管破损裂纹，套管破损后潮气侵入套管内部使套管绝缘性能下降，严重时也会造成套管放电或接地。

处理建议

（1）当巡视发现接地变压器和消弧线圈瓷质部分有轻微的掉瓷现象，不影响继续运行时，应加强监视，并立即汇报所属调度和相关管理部门，申请尽快将其退出运行进行更换或处理。

（2）当发现接地变压器和消弧线圈瓷质部分有明显的裂纹，存在放电和接地现象，以及污秽严重，存在污闪的可能时，应采取下列方法，将其退出运行，并及时汇报所属调度和相关管理部门，做好安全措施，交专业人员检查处理：

1）在系统存在接地故障的情况下，不得停用消弧线圈，且应严格对其上层油温加强监

视，其值最高不得超过 95℃，并迅速查找和处理单相接地故障，应注意允许带单相接地故障运行时间不得超过 2h，否则应将故障线路断开，停用消弧线圈。

2）若接地故障已查明，将接地故障切除后，检查接地信号已消失，中性点位移电压很小时，方可用隔离开关将消弧线圈拉开。

3）若接地故障点未查明，或中性点位移电压超过相电压的 15% 时，接地信号未消失，不得用隔离开关拉开消弧线圈，可作如下处理：

①投入备用变压器或备用电源；②将接有消弧线圈的变压器各侧断路器断开；③拉开消弧线圈的隔离开关，隔离故障；④恢复原运行方式。

190 接地变压器和消弧线圈本体温度（或温升）超过极限值、冒烟甚至着火

异常现象

（1）监控后台机发出预告音响，报出接地变压器或消弧线圈"油温高"信号；
（2）检查发现接地变压器和消弧线圈本体温度指示超过极限值，冒烟甚至着火。

异常原因

（1）接地变压器和消弧线圈内部放电；
（2）接地变压器和消弧线圈分接开关接触不良；
（3）系统中性点电压位移过大；
（4）长时间通过接地电流。

处理建议

发现运行中的接地变压器和消弧线圈本体温度（或温升）超过极限值、冒烟甚至着火，应采取下列方法，将其退出运行，并及时汇报所属调度和相关管理部门，做好安全措施，交专业人员检查处理：

（1）在系统存在接地故障的情况下，不得停用消弧线圈，且应严格对其上层油温加强监视，其值最高不得超过 95℃，并迅速查找和处理单相接地故障，应注意允许带单相接地故障运行时间不得超过 2h，否则应将故障线路断开，停用消弧线圈。

（2）若接地故障已查明，将接地故障切除后，检查接地信号已消失，中性点位移电压很小时，方可用隔离开关将消弧线圈拉开。

（3）若接地故障点未查明，或中性点位移电压超过相电压的 15% 时，接地信号未消失，不得用隔离开关拉开消弧线圈，可作如下处理：

①投入备用变压器或备用电源；②将接有消弧线圈的变压器各侧断路器断开；③拉开消弧线圈的隔离开关，隔离故障；④恢复原运行方式。

191 消弧线圈分接开关接触不良

异常现象

调整消弧线圈的分接开关后，测量发现分接头的直流电阻值不合格。

（1）分接位置调整不到位；

（2）分接头接触部分过热；

（3）分接头接触部分有油膜。

处理建议

调整消弧线圈的分接开关后，发现分接头直流电阻值不合格，严禁将消弧线圈投入运行，应立即汇报所属调度及相关管理部门，交专业人员处理。

192　接地变压器和消弧线圈外壳鼓包或开裂

异常现象

巡视设备发现，运行中的接地变压器和消弧线圈有渗漏油现象，外壳鼓包或开裂。

异常原因

（1）内部过热使绝缘油膨胀或气化，外壳承受过高应力造成膨胀或开裂；

（2）地震等外力破坏使外壳承受过高的应力作用发生开裂；

（3）外壳焊接质量不良造成开裂。

处理建议

发现消弧线圈本体或接地变压器外壳鼓包或开裂，并伴有漏油现象，应立即将消弧线圈或接地变压器按以下方法退出运行，并及时汇报所属调度及相关管理部门，做好安全措施后，交专业人员处理：

（1）在系统存在接地故障的情况下，不得停用消弧线圈，且应严格对其上层油温加强监视，其值最高不得超过95℃，并迅速查找和处理单相接地故障，应注意允许带单相接地故障运行时间不得超过2h，否则应将故障线路断开，停用消弧线圈；

（2）若接地故障已查明，将接地故障切除后，检查接地信号已消失，中性点位移电压很小时，方可用隔离开关将消弧线圈拉开；

（3）若接地故障点未查明，或中性点位移电压超过相电压的15%时，接地信号未消失，不得用隔离开关拉开消弧线圈，可作如下处理：

①投入备用变压器或备用电源；②将接有消弧线圈的变压器各侧断路器断开；③拉开消弧线圈的隔离开关，隔离故障；④恢复原运行方式。

193　接地变压器和消弧线圈中性点位移电压大于15%相电压

异常现象

运行检查中发现接地变压器和消弧线圈中性点位移电压大于15%的相电压。

（1）系统中有接地故障；

（2）系统负荷严重不平衡；

（3）系统电源非全相运行；

（4）谐振过电压。

（1）发现运行中的接地变压器和消弧线圈中性点位移电压大于15%时，应认真检查记录消弧线圈的动作时间、中性点位移电压、电流及三相对地电压，及时汇报所属调度。

（2）查找原因，检查系统中有无接地故障，检查系统负荷是否平衡，系统电源是否非全相运行，是否存在谐振现象。

（3）按照系统存在的原因，配合所属调度，采取相应的措施，能处理的及时处理，不能处理的，应尽快做退出运行的准备，按以下方法将故障的消弧线圈和接地变压器退出运行：

1）投入备用变压器或备用电源；

2）将接有消弧线圈的变压器各侧断路器断开；

3）拉开消弧线圈的隔离开关，隔离故障；

4）恢复原运行方式。

194　接地变压器和消弧线圈一次导流部分发热变色

（1）巡视设备发现运行中的接地变压器和消弧线圈一次导流部分变色，红外测温确证发热严重；

（2）红外测温发现，运行中的接地变压器和消弧线圈一次导流部分过热，温度已达70℃以上。

导流部分接触不良，引起过热。

发现接地变压器和消弧线圈一次导流部分发热变色，应立即将消弧线圈或接地变压器按以下方法退出运行，并及时汇报所属调度及相关管理部门，做好安全措施后，交专业人员处理：

（1）在系统存在接地故障的情况下，不得停用消弧线圈，且应严格对其上层油温加强监视，其值最高不得超过95℃，并迅速查找和处理单相接地故障，应注意允许带单相接地故障运行时间不得超过2h，否则应将故障线路断开，停用消弧线圈。

（2）若接地故障已查明，将接地故障切除后，检查接地信号已消失，中性点位移电压很小时，方可用隔离开关将消弧线圈拉开。

（3）若接地故障点未查明，或中性点位移电压超过相电压的15％时，接地信号未消失，不得用隔离开关拉开消弧线圈，可作如下处理：

①投入备用变压器或备用电源；②将接有消弧线圈的变压器各侧断路器断开；③拉开消弧线圈的隔离开关，隔离故障；④恢复原运行方式。

195　接地变压器和消弧线圈的试验、油化验等主要指标超过相关规定

异常现象

接地变压器和消弧线圈的试验、油化验等主要指标超过相关规定，由试验人员判定不能继续运行。

异常原因

长期运行和闲置，接地变压器和消弧线圈内部绝缘已有损坏或老化，或者存在内部过热及放电现象。

处理建议

（1）对于已经处于检修状态的接地变压器和消弧线圈，试验、油化验等主要指标超过相关规定，由试验人员判定不能继续运行的，严禁投入运行，应交专业人员进行处理。

（2）对于运行中的接地变压器和消弧线圈，试验、油化验等主要指标超过相关规定，由试验人员判定不能继续运行的，应立即将消弧线圈或接地变压器按以下方法退出运行，并及时汇报所属调度及相关管理部门，做好安全措施后，交专业人员处理：

1）在系统存在接地故障的情况下，不得停用消弧线圈，且应严格对其上层油温加强监视，其值最高不得超过95℃，并迅速查找和处理单相接地故障，应注意允许带单相接地故障运行时间不得超过2h，否则应将故障线路断开，停用消弧线圈。

2）若接地故障已查明，将接地故障切除后，检查接地信号已消失，中性点位移电压很小时，方可用隔离开关将消弧线圈拉开。

3）若接地故障点未查明，或者中性点位移电压超过相电压的15％时，接地信号未消失，不准用隔离开关拉开消弧线圈，可作如下处理：

① 投入备用变压器或备用电源；② 将接有消弧线圈的变压器各侧断路器断开；③ 拉开消弧线圈的隔离开关，隔离故障；④ 恢复原运行方式。

第十四章

二次回路异常分析及处理

196 预告总信号

异常现象

（1）智能总控装置或监控后台机发出预告音响，报出"预告总信号"信息；

（2）监控系统中任一保护或测控装置发出告警信息。

异常原因

智能总控装置将所采集保护装置及测控装置告警信号合成为统一预告总信号。

处理建议

（1）检查保护装置和测控装置告警信息及运行情况；

（2）根据装置告警严重程度，必要时退出相应保护。

197 预告音响信号

异常现象

监控系统预告音响、语音告警。

异常原因

（1）手动启动事故音响；

（2）告警启动预告音响。

处理建议

（1）检查保护装置和测控装置告警信息及运行情况；

（2）检查预告音响报警回路；

（3）根据检查情况，由相关专业人员进行处理。

198 通信连接中断

异常现象

智能总控装置或监控后台机发出预告音响，报出"通信连接中断"信息，智能总控装置或监控后台机采集数据不变化。

异常原因

（1）保护装置、测控装置、规约转换器通信芯片或通信接口故障；
（2）交换机、通信网关、通信网络回路故障；
（3）测控装置、交换机及 RTU（远方终端单元）电源消失。

处理建议

（1）检查保护装置、测控装置、规约转换器告警信息及运行情况；
（2）检查通信线是否松动、通信接口是否故障；
（3）检查测控装置、交换机及 RTU（远方终端单元）电源是否消失；
（4）根据检查情况，由相关专业人员进行处理。

199 远动退出

异常现象

主站监控系统发出预告音响，变电站数据不变化，工况运转图标停止运转。

异常原因

（1）运动工作站故障；
（2）通信连接中断；
（3）运动装置连接通道（通信线或通信接口）故障；
（4）测控装置、交换机及 RTU（远方终端单元）电源消失。

处理建议

（1）检查变电站远动工作站运行情况；
（2）检查变电站电话通信是否正常；
（3）检查远动装置传输通道（通信线或通信接口）有无明显异常；
（4）检查测控装置、交换机及 RTU（远方终端单元）电源是否消失；
（5）根据检查情况，由相关专业人员进行处理。

200 测控装置闭锁

异常现象

监控后台机发出预告音响，报出"装置告警""测控装置闭锁"信息。

异常原因

测控装置故障或电源消失，发出闭锁输出信号。

处理建议

(1) 检查测控装置告警信息及运行情况；
(2) 根据检查情况，由相关专业人员进行处理。

201　测控装置失电告警

异常现象

(1) 监控后台机发出预告音响，报出"测控装置失电告警""测控装置通信中断"信息；
(2) 相关测控装置液晶面板无指示，"运行"指示灯灭。

异常原因

(1) 测控装置电源消失、空气开关跳闸或电源插件损坏；
(2) 测控装置电源回路断线或短路；
(3) 直流馈线屏线路测控装置空气开关跳闸。

处理建议

(1) 检查测控装置运行情况、公共测控装置告警信息；
(2) 检查测控装置及相应的直流馈线屏测控装置电源空气开关是否跳闸；
(3) 检查测控装置电源回路及插件有无明显异常；
(4) 根据检查情况，由相关专业人员进行处理。

202　电压并列装置失电告警

异常现象

(1) 监控后台机发出预告音响，报出"电压并列装置直流失电"信息；
(2) 电压并列装置"电源"指示灯不亮。

异常原因

(1) 电压并列装置电源消失、空气开关跳闸或电源插件损坏；
(2) 直流馈线屏上电压并列装置对应电源空气开关跳闸；
(3) 直流电源回路断线或短路。

处理建议

(1) 检查电压并列装置运行情况、公共测控装置告警信息；
(2) 检查电压并列装置及相应的直流馈线屏电压并列装置电源空气开关是否跳闸；
(3) 检查电压并列装置电源回路及插件有无明显异常；
(4) 检查直流电源回路是否断线或短路。

203 　小电流接地选线装置故障

异常现象

（1）监控后台机发出预告音响，报出"小电流接地选线装置故障"信息；
（2）小电流接地选线装置"告警"指示灯亮。

异常原因

小电流接地选线装置失电、元件或二次回路故障。

处理建议

（1）检查小电流接地选线装置告警信息及运行情况；
（2）检查小电流接地选线装置电源空气开关及二次回路有无明显异常；
（3）根据检查情况，由相关专业人员进行处理。

204 　TA SF$_6$ 气压低告警

异常现象

（1）监控后台机发出预告音响，报出"TA SF$_6$ 气压低告警"信息；
（2）电流互感器 SF$_6$ 压力表指示值低于告警值。

异常原因

（1）SF$_6$ 电流互感器漏气；
（2）环境温度剧烈下降；
（3）密度继电器失灵，或者 SF$_6$ 压力表损坏。

处理建议

（1）检查前做好防毒、防爆安全措施；
（2）根据当时环境温度，将 SF$_6$ 压力表的读数，换算成标准温度下的值进行比较，分析是否为假读数；
（3）检查 SF$_6$ 电流互感器是否存在渗漏点；
（4）若因环境温度下降引起，及时补气。

205 　开关三相不一致

异常现象

监控后台机发出预告音响，报出"断路器三相不一致"信息。

异常原因

三相断路器不是同时在分位或同时在合位。

处理建议

(1) 检查三相断路器位置；

(2) 根据检查情况，由相关专业人员进行处理。

206   断路器 SF_6 低气压告警

异常现象

(1) 监控后台机发出预告音响，报出"断路器 SF_6 低气压告警"信息；

(2) 断路器 SF_6 压力表指示值低于告警值。

异常原因

(1) SF_6 断路器漏气；

(2) 环境温度剧烈下降；

(3) 密度继电器失灵，或者 SF_6 压力表损坏。

处理建议

(1) 检查前做好防毒、防爆安全措施；

(2) 根据当时环境温度，将 SF_6 压力表的读数，换算成标准温度下的值进行比较，分析是否为假读数；

(3) 检查 SF_6 断路器是否存在渗漏点；

(4) 若因环境温度下降引起，及时补气。

207   断路器 SF_6 异常闭锁告警

异常现象

(1) 监控后台机发出预告音响，报出"断路器 SF_6 异常闭锁告警""控制回路断线"信息；

(2) 断路器 SF_6 压力表指示值低于闭锁值。

异常原因

(1) SF_6 断路器大量渗、漏气；

(2) 环境温度剧烈下降；

(3) 密度继电器失灵，或 SF_6 压力表损坏。

处理建议

(1) 检查前做好防毒、防爆安全措施；

(2) 加装防慢分卡；

(3) 断开控制电源并检查密度继电器和 SF_6 压力表运行情况；

（4）若因环境温度下降引起，及时补气；

（5）若因断路器漏气严重所致，应采用旁带或串带的方式，将故障断路器停电，做好安全措施，交相关专业人员进行处理。

208　电机超时故障告警

异常现象

（1）监控后台机发出预告音响，报出"电机超时故障告警""油泵运转""空压机运转""弹簧未储能"信息；

（2）断路器机构压力异常，或弹簧操动机构未储能指示灯亮，电机停止运转。

异常原因

（1）电机打压控制回路故障；

（2）油泵故障或空压机故障；

（3）液压部分漏油或气动机构漏气；

（4）弹簧储能行程开关故障。

处理建议

（1）断开油泵电机电源或空压机电机电源，检查压力是否过高；

（2）检查电机打压回路，检查机构是否漏油或漏气；

（3）更换弹簧储能行程开关。

209　加热器电源故障

异常现象

（1）监控后台机发出预告音响，报出"加热器电源故障"信息；

（2）断路器机构温控器"电源"指示灯不亮。

异常原因

（1）加热器电源断线或电源空气开关跳闸；

（2）加热模块短路；

（3）加热回路断线或接触不良（含端子松动、接触不良）；

（4）温控器故障。

处理建议

（1）根据环境温度，分析温控器运行是否正常；

（2）检查交流控制屏交流电源；

（3）检查温控器、发热模块及加热回路；

（4）根据检查情况，由相关专业人员进行处理。

210   电机回路电源故障

异常现象

监控后台机发出预告音响，报出"电机回路电源故障"信息。

异常原因

（1）电机控制回路电源断相或电源空气开关跳闸；
（2）电机控制回路有短路。

处理建议

（1）检查电机电源及控制回路是否断线、短路；
（2）检查直流屏或低压配电室对应控制电源空气开关是否跳闸；
（3）根据检查情况，由相关专业人员进行处理。

211   弹簧未储能

异常现象

（1）监控后台机发出预告音响，报出断路器"弹簧未储能""控制回路断线""装置告警"信息；
（2）相关保护装置"告警"指示灯亮。

异常原因

（1）储能电源断线或电源空气开关跳闸；
（2）弹簧储能机械故障；
（3）弹簧储能电机控制回路断线。

处理建议

（1）检查储能电源空气开关；
（2）检查弹簧储能电机控制回路；
（3）检查储能弹簧是否正常。

212   压力降低禁止合闸

异常现象

（1）监控后台机发出预告音响，报出"压力降低禁止合闸"信息；
（2）保护装置重合闸充电指示为未充电状态。

异常原因

（1）油泵或空压机交流电源或直流电源消失；

（2）油泵或空压机启动回路故障；

（3）液压系统或气动系统漏油或漏气。

处理建议

（1）检查液压机构断路器压力值，或者气动机构断路器压力值是否确已降至闭锁合闸值，若压力降低，停用重合闸装置；

（2）检查机构漏油或漏气点，检查油泵或空压机控制回路故障点；

（3）根据检查情况，由相关专业人员进行处理。

213　压力降低闭锁重合闸

异常现象

（1）监控后台机发出预告音响，报出断路器"压力降低闭锁重合闸"信息；

（2）保护装置重合闸充电指示为未充电状态。

异常原因

（1）油泵或空压机交流电源或直流电源消失；

（2）油泵或空压机启动回路故障；

（3）液压系统或气动系统漏油或漏气。

处理建议

（1）检查液压机构断路器压力值或气动机构断路器压力值是否确已降至闭锁重合闸值，若压力降低，停用重合闸装置；

（2）检查机构漏油或漏气点，检查油泵或空压机控制回路故障点；

（3）根据检查情况，由相关专业人员进行处理。

214　断路器控制电源故障

异常现象

（1）监控后台机发出预告音响，报出"断路器控制电源故障""控制回路断线告警""装置告警"信息；

（2）断路器位置指示灯不亮。

异常原因

（1）控制回路电源空气开关跳闸；

（2）控制回路各元件、端子接线等有短路或断线现象。

处理建议

（1）检查控制回路电源空气开关是否跳闸，回路是否短路或断线；

（2）根据检查情况，由相关专业人员进行处理。

215　隔离开关电机电源故障

异常现象

监控后台机发出预告音响，报出"隔离开关电机电源故障"信息。

异常原因

（1）电机控制回路电源断相或空气开关跳闸；
（2）电机控制回路有短路。

处理建议

（1）检查电机电源及控制回路是否有断线、短路；
（2）检查直流屏或低压配电屏对应控制电源空气开关是否跳闸；
（3）根据检查情况，由相关专业人员进行处理。

216　主变压器差动保护装置差流越限告警

异常现象

监控后台机发出预告音响，报出主变压器差动保护装置"差流越限告警""TA断线告警""装置告警"信息。

异常原因

电流互感器二次回路断线（含端子松动、接触不良）或短路。

处理建议

记录动作时间、差动保护装置告警信息、差流数值，检查差动电流二次接线。

217　主变压器差动保护装置告警

异常现象

（1）监控后台机发出预告音响，报出主变压器"差动保护装置告警""TV断线告警""TA断线告警"信息；
（2）主变压器差动保护装置"告警"指示灯亮。

异常原因

（1）电压互感器或电流互感器二次回路断线（含端子松动、接触不良）或短路；
（2）主变压器差动保护自检、巡检异常；
（3）主变压器差动保护装置二次回路短路或接地。

（1）检查主变压器差动保护装置各种灯光指示是否正常；

（2）检查主变压器差动保护装置报文；

（3）检查主变压器差动保护装置、电压互感器、电流互感器的二次回路有无明显异常；

（4）根据检查情况，由相关专业人员进行处理。

218　主变压器差动保护装置故障

异常现象

（1）监控后台机发出预告音响，报出主变压器"差动保护装置故障""差动保护装置告警"信息；

（2）主变压器差动保护装置"告警"指示灯亮。

异常原因

（1）主变压器差动保护装置内部元件故障；

（2）主变压器差动保护装置程序出错，自检、巡检异常；

（3）直流系统接地。

处理建议

（1）检查主变压器差动保护装置各种灯光指示是否正常；

（2）检查主变压器差动保护装置报文；

（3）检查直流系统是否接地；

（4）根据检查情况，由相关专业人员进行处理。

219　主变压器差动保护装置失电

异常现象

（1）监控后台机发出预告音响，报出主变压器"差动保护装置失电""差动保护装置通信中断"信息；

（2）主变压器差动保护装置液晶面板无指示，"运行"指示灯不亮。

异常原因

（1）主变压器差动保护装置电源消失，空气开关跳闸或电源插件损坏；

（2）主变压器差动保护装置电源回路断线或短路。

处理建议

（1）检查主变压器差动保护装置运行情况，主变压器测控装置告警信息；

（2）检查主变压器差动保护装置电源空气开关是否跳闸；

（3）检查主变压器差动保护装置电源回路插件及回路有无明显异常；

（4）根据检查情况，由相关专业人员进行处理。

220　主变压器失灵保护装置告警

异常现象

（1）监控后台机发出预告音响，报出主变压器"失灵保护装置告警""TA 断线告警""直流接地告警"信息；

（2）主变压器高压侧断路器保护装置"告警"指示灯亮。

异常原因

（1）电流互感器二次回路断线（含端子松动、接触不良）或短路；

（2）主变压器高压侧断路器保护装置自检、巡检异常；

（3）主变压器高压侧断路器保护装置二次回路短路、接地。

处理建议

（1）检查主变压器保护装置各种灯光指示是否正常；

（2）检查主变压器保护装置报文；

（3）检查主变压器高压侧断路器保护装置、电流互感器的二次回路有无明显异常；

（4）检查直流系统是否有接地现象；

（5）根据检查情况，由相关专业人员进行处理，必要时停用保护装置。

221　主变压器失灵保护装置故障

异常现象

（1）监控后台机发出预告音响，报出主变压器"失灵保护装置故障"信息；

（2）主变压器高压侧断路器保护装置"告警"指示灯亮。

异常原因

（1）主变压器高压侧断路器保护装置内部元件故障；

（2）保护程序出错，自检、巡检异常；

（3）直流系统接地。

处理建议

（1）检查主变压器保护装置各种灯光指示是否正常；

（2）检查主变压器保护装置报文；

（3）检查主变压器测控装置和断路器保护装置告警信息及运行情况；

（4）检查直流系统是否有接地现象；

（5）根据检查情况，由相关专业人员进行处理，必要时停用保护装置。

222   主变压器失灵保护装置失电

异常现象

（1）监控后台机发出预告音响，报出主变压器"失灵保护装置失电""失灵保护装置通信中断"信息；

（2）主变压器高压侧断路器保护装置液晶面板无显示，"运行"指示灯不亮。

异常原因

（1）主变压器高压侧断路器失灵保护装置电源消失，空气开关跳开或电源插件损坏；

（2）主变压器高压侧失灵保护装置电源回路断线或短路。

处理建议

（1）检查主变压器高压侧断路器保护装置运行情况、主变压器测控装置告警信息；

（2）检查主变压器失灵保护装置电源空气开关及回路；

（3）检查主变压器高压侧失灵保护装置电源插件有无明显异常；

（4）根据检查情况，由相关专业人员进行处理。

223   主变压器后备保护装置解除母差复压闭锁开出

异常现象

监控后台机发出预告音响，报出主变压器后备保护装置"解除母差复压闭锁开出""装置告警""TV断线"信息。

异常原因

（1）电压互感器二次回路断线（含端子松动、接触不良）或短路；

（2）系统中有故障。

处理建议

（1）检查主变压器保护装置告警信息及运行情况；

（2）检查电压互感器二次电压回路有无明显异常。

224   主变压器高压侧后备保护装置复压闭锁动作告警

异常现象

监控后台机发出预告音响，报出主变压器"高压侧复压闭锁动作告警""装置告警""TV断线"信息。

异常原因

（1）电压互感器二次回路断线（含端子松动、接触不良）或短路；

（2）系统中有故障。

处理建议

（1）检查主变压器保护装置告警信息及运行情况；
（2）检查电压互感器二次电压回路有无明显异常。

225　主变压器高压侧后备保护装置高压侧母线 TV 断线告警

异常现象

（1）监控后台机发出预告音响，报出主变压器高压侧保护装置"高压侧母线 TV 断线告警""装置告警""TV 断线闭锁保护告警"信息；
（2）主变压器高压侧后备保护装置"告警"指示灯亮。

异常原因

（1）电压互感器本体故障；
（2）电压互感器二次空气开关跳闸，电压互感器二次回路断线（含端 松动、接触不良）或短路；
（3）电压切换回路或电压并列回路故障。

处理建议

（1）检查主变压器保护装置告警信息及运行情况；
（2）密切留意后续的预告或动作信号，如有异常象征，迅速撤离现场检查人员；
（3）退出可能误动的保护和自动装置；
（4）检查母线电压互感器的二次空气开关是否跳闸；
（5）如母线电压互感器本体故障，隔离故障点后将电压互感器二次并列运行。

226　主变压器高压侧启动风冷

异常现象

监控后台机发出预告音响，报出主变压器"高压侧启动风冷""辅助冷却装置投入""高压侧过负荷告警"信息。

异常原因

（1）主变压器油温高；
（2）主变压器负荷电流达到启动风冷定值。

处理建议

（1）检查主变压器油温及负荷；
（2）检查主变压器风扇（辅助冷却装置）运转是否正常。

227　主变压器高压侧过负荷

异常现象

监控后台机发出预告音响，报出主变压器"高压侧过负荷告警""过负荷闭锁有载调压""启动风冷"信息。

异常原因

（1）主变压器负荷增大，达到过负荷整定值；
（2）主变压器事故过负荷。

处理建议

（1）密切监视主变压器负荷、油温、油位情况，及时转移负荷；
（2）检查冷却装置运行情况，将冷却装置（风扇）全部投入运行；
（3）对主变压器进行设备特巡和红外测温。

228　主变压器高压侧过负荷闭锁有载调压

异常现象

监控后台机发出预告音响，报出主变压器"高压侧过负荷闭锁有载调压""启动风冷""高压侧过负荷告警"信息。

异常原因

（1）主变压器负荷增大，达到闭锁有载调压的整定值；
（2）主变压器事故过负荷。

处理建议

（1）密切监视主变压器负荷、油温、油位情况，及时转移负荷；
（2）检查主变压器冷却装置运行情况，将冷却装置（风扇）全部投入运行；
（3）对主变压器进行设备特巡和红外测温。

229　主变压器高后备保护装置告警

异常现象

（1）监控后台机发出预告音响，报出主变压器"高后备保护装置告警""TV断线告警""TA断线告警""控制回路断线"信息；
（2）主变压器高后备保护装置"告警"指示灯亮。

异常原因

（1）电压互感器、电流互感器二次回路断线（含端子松动、接触不良）、短路；

（2）主变压器高压侧断路器控制回路断线；

（3）主变压器高后备保护装置自检、巡检异常；

（4）主变压器高后备保护装置二次回路短路接地。

处理建议

（1）检查主变压器高后备保护装置各种灯光指示是否正常；

（2）检查主变压器高后备保护装置报文；

（3）检查主变压器高后备保护装置、电压互感器、电流互感器的二次回路有无明显异常；

（4）根据检查情况，由相关专业人员进行处理。

230　主变压器高后备保护装置故障

异常现象

（1）监控后台机发出预告音响，报出主变压器"高后备保护装置故障""主变高后备保护装置通信中断"信息；

（2）主变压器高后备保护装置"告警"指示灯亮。

异常原因

（1）主变压器高后备保护装置内部元件故障；

（2）主变压器高后备保护装置程序出错，自检异常；

（3）直流系统接地。

处理建议

（1）检查主变压器高后备保护装置各种灯光指示是否正常；

（2）检查主变压器高后备保护装置报文；

（3）检查直流系统是否接地；

（4）根据检查情况，由相关专业人员进行处理。

231　主变压器高后备保护装置失电

异常现象

（1）监控后台机发出预告音响，报出主变压器"高后备保护装置失电"信息；

（2）主变压器高后备保护装置液晶面板无显示，"运行"指示灯不亮。

异常原因

（1）主变压器高后备保护装置电源消失，空气开关跳闸或电源插件损坏；

（2）主变压器高后备保护装置电源回路断线或短路。

处理建议

(1) 检查主变压器高后备保护装置运行情况，主变压器测控装置告警信息；

(2) 检查主变压器高后备保护装置电源空气开关是否跳闸；

(3) 检查主变压器高后备保护装置电源回路及插件有无明显异常；

(4) 根据检查情况，由相关专业人员进行处理。

232 主变压器中压侧复压闭锁动作告警

异常现象

监控后台机发出预告音响，报出主变压器"中压侧复压闭锁动作告警""装置告警""TV 断线告警"信息。

异常原因

(1) 电压互感器二次回路断线（含端子松动、接触不良）或短路；

(2) 系统中有故障。

处理建议

(1) 检查主变压器保护装置告警信息及运行情况；

(2) 检查电压互感器二次电压回路有无明显异常。

233 主变压器中压侧启动风冷

异常现象

监控后台机发出预告音响，报出主变压器"中压侧启动风冷""辅助冷却装置投入""中压侧过负荷告警"信息；

异常原因

(1) 主变压器油温高；

(2) 主变压器负荷电流达到启动风冷定值。

处理建议

(1) 检查主变压器油温及负荷；

(2) 检查主变压器风扇（辅助冷却装置）运转是否正常。

234 主变压器中压侧母线 TV 断线告警

异常现象

(1) 监控后台机发出预告音响，报出主变压器"中压侧母线 TV 断线告警""装置告警""TV 断线闭锁保护告警"信息；

（2）主变压器中压侧后备保护装置"告警"指示灯亮。

异常原因

（1）电压互感器本体故障；

（2）电压互感器一次熔断器熔断或二次空气开关跳闸，电压互感器二次回路断线（含端子松动、接触不良）或短路；

（3）电压切换回路或电压并列回路故障。

处理建议

（1）检查主变压器保护装置告警信息及运行情况；密切留意后续的预告或动作信号，如有异常象征，迅速撤离现场检查人员。

（2）退出可能误动的保护和自动装置。

（3）检查母线电压互感器的一次熔断器是否熔断或二次空气开关是否跳闸。

（4）如母线电压互感器本体故障，隔离故障点后将电压互感器二次并列运行。

235 主变压器中压侧过负荷告警

异常现象

监控后台机发出预告音响，报出主变压器"中压侧过负荷告警""过负荷闭锁有载调压""启动风冷"信息。

异常原因

（1）主变压器负荷增大，达到过负荷整定值；

（2）主变压器事故过负荷。

处理建议

（1）密切监视主变压器负荷、油温、油位情况，及时转移负荷；

（2）检查冷却装置运行情况，将冷却装置（风扇）全部投入运行；

（3）对主变压器进行设备特巡和红外测温。

236 主变压器中后备保护装置告警

异常现象

（1）监控后台机发出预告音响，报出主变压器"中后备保护装置告警""TV 断线告警""TA 断线告警""控制回路断线"信息；

（2）主变压器中后备保护装置"告警"指示灯亮。

处理建议

（1）电压互感器、电流互感器二次回路断线（含端子松动、接触不良）、短路；

（2）变压器中压侧断路器控制回路断线；

（3）主变压器中后备保护装置自检、巡检异常；

（4）主变压器中后备保护装置二次回路短路接地。

处理建议

（1）检查主变压器中后备保护装置各种灯光指示是否正常；

（2）检查主变压器中后备保护装置报文；

（3）检查主变压器中后备保护装置、电压互感器、电流互感器的二次回路有无明显异常；

（4）根据检查情况，由相关专业人员进行处理。

237　主变压器中后备保护装置故障

异常现象

（1）监控后台机发出预告音响，报出主变压器"中后备保护装置故障"信息；

（2）主变压器中后备保护装置"告警"指示灯亮。

异常原因

（1）主变压器中后备保护装置内部元件故障；

（2）主变压器中后备保护装置程序出错，自检异常；

（3）直流系统接地。

处理建议

（1）检查主变压器中后备保护装置各种灯光指示是否正常；

（2）检查主变压器中后备保护装置报文；

（3）检查直流系统是否接地；

（4）根据检查情况，由相关专业人员进行处理。

238　主变压器中后备保护装置失电

异常现象

（1）监控后台机发出预告音响，报出主变压器"中后备保护装置失电""中后备保护装置通信中断"信息；

（2）主变压器中后备保护装置液晶面板无显示，"运行"指示灯不亮。

异常原因

（1）主变压器中后备保护装置电源消失、空气开关跳闸或电源插件损坏；

（2）主变压器中后备保护装置电源回路断线或短路。

（1）检查主变压器中后备保护装置运行情况，主变压器测控装置告警信息；

（2）检查主变压器中后备保护装置电源空气开关是否跳闸；

（3）检查主变压器中后备保护装置电源回路及插件有无明显异常；

（4）根据检查情况，由相关专业人员进行处理。

239　主变压器低后备复压闭锁动作告警

异常现象

监控后台机发出预告音响，报出主变压器"低后备复压闭锁动作告警""装置告警""TV 断线告警"信息。

异常原因

（1）电压互感器二次回路断线（含端子松动、接触不良）或短路；

（2）系统中有故障。

处理建议

（1）检查主变压器低后备保护装置告警信息及运行情况；

（2）检查主变压器低压侧母线电压互感器二次电压回路有无明显异常。

240　主变压器低压侧过负荷告警

异常现象

监控后台机发出预告音响，报出主变压器"低压侧过负荷告警""过负荷闭锁有载调压""启动风冷"信息。

异常原因

（1）主变压器负荷增大，达到过负荷整定值；

（2）主变压器事故过负荷。

处理建议

（1）密切监视主变压器负荷、油温、油位情况，及时转移负荷；

（2）检查主变压器冷却装置运行情况，将冷却装置（风扇）全部投入运行；

（3）对主变压器进行设备特巡和红外测温。

241　主变压器低压侧母线接地告警

异常现象

监控后台机发出预告音响，报出主变压器"低压侧母线接地告警""Ⅰ母接地"或"Ⅱ

母接地"信息，接地母线三相电压指示不平衡。

异常原因

（1）线路单相接地；
（2）站内母线及母线设备单相接地；
（3）电压互感器高压侧熔断器熔断，低压侧空气开关跳闸。

处理建议

（1）根据接地母线电压指示或测量电压互感器二次侧电压值，判断接地相别；
（2）采取安全措施后，检查站内设备有无异常；
（3）根据接地选线装置显示或现场规程规定，按顺序进行接地选线，查出接地线路或设备。

242　主变压器低压侧母线 TV 断线告警

异常现象

（1）监控后台机发出预告音响，报出主变压器"低压侧母线 TV 断线告警""装置告警"信息；
（2）主变压器保护装置"告警"指示灯亮。

异常原因

（1）电压互感器本体故障；
（2）电压互感器一次熔断器熔断、二次空气开关跳闸，电压互感器二次回路断线（含端子松动、接触不良）或短路；
（3）电压切换回路或电压并列回路故障。

处理建议

（1）检查主变压器保护装置告警信息及运行情况；密切留意后续的预告或动作信号，如有异常象征，迅速撤离现场检查人员。
（2）退出可能误动的保护和自动装置。
（3）检查母线电压互感器的一次熔断器是否熔断、二次空气开关是否跳闸。
（4）如母线电压互感器本体有故障，隔离故障点后，将电压互感器二次并列运行。

243　主变压器低后备保护装置告警

异常现象

（1）监控后台机发出预告音响，报出主变压器"低后备保护装置告警""TV 断线告警""TA 断线告警""控制回路断线"信息；
（2）主变压器保护装置"告警"指示灯亮。

异常原因

（1）电压互感器或电流互感器二次回路断线（含端子松动、接触不良）、短路；
（2）主变压器低压侧断路器控制回路断线；
（3）主变压器低后备保护装置自检、巡检异常；
（4）主变压器低后备保护装置二次回路短路、接地。

处理建议

（1）检查低后备保护装置各种灯光指示是否正常；
（2）检查主变压器低后备保护装置报文；
（3）检查主变压器低后备保护装置、电压互感器、电流互感器的二次回路有无明显异常；
（4）根据检查情况，由相关专业人员进行处理。

244　主变压器低后备保护装置故障

异常现象

（1）监控后台机发出预告音响，报出主变压器"低后备保护装置故障"信息；
（2）主变压器保护装置"告警"指示灯亮。

异常原因

（1）主变压器低后备保护装置内部元件故障；
（2）主变压器低后备保护装置程序出错、自检异常；
（3）直流系统接地。

处理建议

（1）检查主变压器低后备保护装置各种灯光指示是否正常；
（2）检查主变压器低后备保护装置报文；
（3）检查直流系统是否接地；
（4）根据检查情况，由相关专业人员进行处理。

245　主变压器低后备保护装置失电

异常现象

（1）监控后台机发出预告音响，报出主变压器"低后备保护装置失电""低后备保护装置通信中断"信息；
（2）主变压器低后备保护装置液晶面板无显示，"运行"指示灯不亮。

异常原因

（1）主变压器低后备保护装置电源消失，空气开关跳闸或电源插件损坏；

(2) 主变压器低后备保护装置电源回路断线或短路。

处理建议

(1) 检查主变压器低后备保护装置运行情况，主变压器测控装置告警信息；
(2) 检查主变压器低后备保护装置电源空气开关是否跳闸；
(3) 检查主变压器低后备保护装置电源回路及插件有无明显异常；
(4) 根据检查情况，由相关专业人员进行处理。

246　主变压器保护装置 TA 断线告警

异常现象

(1) 监控后台机发出预告音响，报出主变压器保护装置"TA 断线告警""差流超限告警""装置告警"信息；
(2) 主变压器保护装置"告警"指示灯亮。

异常原因

(1) 电流互感器本体故障；
(2) 电流互感器二次回路断线（含端子松动、接触不良）或短路。

处理建议

(1) 检查主变压器保护装置告警信息及运行情况，密切留意后续的预告或动作信号，如有异常象征，迅速撤离现场检查人员；
(2) 退出可能误动的保护和自动装置。查找故障时应采取安全措施，防止高压伤人；
(3) 检查故障电流互感器有无异常、异声、异味，及电流互感器二次电流回路有无烧蚀；
(4) 确有上述问题，应将电流互感器退出运行。

247　主变压器有载调压分接开关油位高告警

异常现象

(1) 监控后台机发出预告音响，报出主变压器"有载调压分接开关油位高告警"信息；
(2) 主变压器非电量保护装置"告警"指示灯亮。

异常原因

(1) 主变压器有载调压分接开关检修后，加油太满；
(2) 气温高、负荷大；
(3) 主变压器有载调压分接开关呼吸器堵塞，有载调压分接开关油枕故障等造成的假油位；
(4) 主变压器有载调压分接开关油枕油位计损坏；

（5）主变压器有载调压分接开关内部故障。

处理建议

（1）检查主变压器的负荷情况，如出现过负荷，按过负荷处理；

（2）对主变压器有载调压分接开关油温、油位及有载调压分接开关各部位进行检查；

（3）需放油时，应将重瓦斯保护压板改投信号方式；

（4）处理主变压器有载调压分接开关呼吸器堵塞、有载调压分接开关油枕故障等造成的假油位，应做好防潮措施，并将重瓦斯保护压板改投信号方式。

248　主变压器有载调压分接开关油位低告警

异常现象

（1）监控后台机发出预告音响，报出主变压器"有载分接开关油位低告警"信息；

（2）主变压器非电量保护装置"告警"指示灯亮。

异常原因

（1）主变压器有载调压分接开关检修后，加油过少；

（2）气温低；

（3）主变压器有载调压分接开并呼吸器堵塞，有载调压分接开关油枕故障等造成的假油位；

（4）主变压器有载调压分接开关油枕油位计损坏；

（5）主变压器有载调压分接开关内部故障。

处理建议

（1）检查主变压器有载调压分接开关油温、油位，及检查有载调压分接开关各部位是否有渗漏点；

（2）看不见油位或须补油时，应将有载重瓦斯保护压板改投信号方式；

（3）处理主变压器有载调压分接开关呼吸器堵塞、有载调压分接开关油枕故障等造成的假油位，应做好防潮措施，并将重瓦斯保护压板改投信号方式。

249　主变压器本体轻瓦斯告警

异常现象

（1）监控后台机发出预告音响，报出主变压器"本体轻瓦斯告警"信息；

（2）主变压器非电量保护装置"告警"指示灯亮。

异常原因

（1）主变压器本体气体继电器油位低；

（2）主变压器内部有轻微故障；

（3）新投运或检修后的主变压器投运后，有气体产生。

处理建议

（1）检查主变压器油温、油位、声音；
（2）对主变压器各部位、气体继电器及二次回路进行检查；
（3）上述检查无误后，平缓打开放气阀逐渐放气。

250 主变压器有载轻瓦斯告警

异常现象

（1）监控后台机发出预告音响，报出主变压器"有载轻瓦斯告警"信息；
（2）主变压器非电量保护装置"告警"指示灯亮。

异常原因

（1）主变压器有载气体继电器油位低；
（2）主变压器有载调压分接开关有轻微故障或频繁调压；
（3）新投运或检修后的主变压器投运后，有气体产生。

处理建议

（1）检查主变压器有载调压分接开关油温、油位；
（2）对主变压器有载调压分接开关各部位、气体继电器及二次回路进行检查；
（3）检查主变压器有载调压分接开关调压次数是否过于频繁；
（4）上述检查无误后，平缓打开放气阀逐渐放气。

251 主变压器冷控失电告警

异常现象

监控后台机发出预告音响，报出主变压器"冷控失电告警""冷却装置Ⅰ路电源故障"或"冷却装置Ⅱ路电源故障""冷却装置全停""油面温度高告警动作""绕组温度高告警动作"信息。

异常原因

（1）一组冷却装置电源消失后，自动切换回路故障，造成另一组电源不能投入；
（2）冷却装置交流电源消失或缺相，或控制回路电源消失；
（3）冷却装置控制回路或交流电源回路有短路现象，造成电源空气开关跳闸。

处理建议

（1）退出主变压器保护装置冷却失电跳闸压板，密切监视异常主变压器负荷、油温和绕组温度；

（2）检查冷却装置电源回路和控制回路；

（3）当冷却装置全停时，允许带额定负载运行 20min，如 20min 内顶层油温未达到 75℃，允许上升至 75℃，但这种状态下运行时间最长不得超过 1h，否则应将主变压器退出运行。

252　主变压器本体油位高

异常现象

（1）监控后台机发出预告音响，报出主变压器"本体油位高告警"信息；

（2）主变压器非电量保护装置"告警"指示灯亮。

异常原因

（1）大修后主变压器加油过满；

（2）气温高、变压器负荷大，油温高；

（3）主变压器本体油位计损坏误发。

处理建议

（1）检查主变压器油位、油温、负荷情况，通过变压器铭牌上的油位曲线图分析油位计指示是否正确；

（2）上述检查无误后，及时放油。

253　主变压器本体油位低告警

异常现象

（1）监控后台机发出预告音响，报出主变压器"本体油位低告警"信息；

（2）主变压器非电量保护装置"告警"指示灯亮。

异常原因

（1）主变压器存在长期渗漏油；

（2）工作放油后未及时加油或加油不足；

（3）气温低，变压器油温低；

（4）主变压器油枕胶囊隔膜破裂或油位计损坏造成假油位。

处理建议

（1）检查主变压器油位、油温、负荷情况，通过变压器铭牌上的油位曲线图分析油位计指示是否正确；

（2）检查主变压器各部位是否有渗漏点；

（3）若因环境温度低引起，关闭散热器；

（4）上述检查无误后，及时补油；补油时，应将本体重瓦斯保护压板改投信号方式。

254 主变压器非电量保护装置故障

异常现象

(1) 监控后台机发出预告音响，报出主变压器"非电量保护装置故障"信息；
(2) 主变压器非电量保护装置"告警"指示灯亮。

异常原因

(1) 主变压器非电量保护装置内部元件故障；
(2) 非电量保护装置程序出错，自检、巡检异常；
(3) 直流系统接地。

处理建议

(1) 检查主变压器非电量保护装置各种灯光指示是否正常；
(2) 检查非电量保护装置报文；
(3) 检查直流系统是否接地；
(4) 根据检查情况，由相关专业人员进行处理。

255 主变压器非电量保护装置告警

异常现象

监控后台机发出预告音响，报出主变压器"非电量保护装置告警""控制回路断线"信息。

异常原因

(1) 主变压器非电量保护装置自检、巡检异常；
(2) 非电量保护装置二次回路短路接地。

处理建议

(1) 检查主变压器非电量保护装置各种灯光指示是否正常；
(2) 检查主变压器非电量保护装置报文；
(3) 检查非电量保护装置二次回路有无明显异常；
(4) 根据检查情况，由相关专业人员进行处理。

256 主变压器非电量保护装置失电

异常现象

(1) 监控后台机发出预告音响，报出主变压器"非电量保护装置失电"信息；
(2) 主变压器非电量保护装置液晶面板无显示，"运行"指示灯不亮。

（1）主变压器非电量保护装置电源消失，空气开关跳闸或电源插件损坏；

（2）主变压器非电量保护装置电源回路断线或短路。

（1）检查主变压器非电量保护装置运行情况，主变压器测控装置告警信息；

（2）检查主变压器非电量保护装置电源空气开关是否跳闸；

（3）检查主变压器非电量保护装置电源回路及插件有无明显异常；

（4）根据检查情况，由相关专业人员进行处理。

257 主变压器有载调压分接开关电机回路故障

（1）监控后台机发出预告音响，报出主变压器"有载调压分接开关电机回路故障"信息；

（2）主变压器有载调压分接开关机构空气开关"跳闸"指示灯亮。

（1）主变压器有载调压分接开关机构电机回路交流电源空气开关跳闸；

（2）主变压器有载调压分接开关机构电机回路交流电源短路或缺相。

（1）检查主变压器有载调压分接开关机构电机回路交流电源空气开关是否跳闸；

（2）检查主变压器有载调压分接开关机构电机回路电源是否短路；

（3）检查有载调压分接开关机构电机三相交流电源是否缺相。

258 主变压器有载调压分接开关电机运转

（1）监控后台机发出预告音响，报出主变压器"有载调压分接开关电机运转"信息；

（2）主变压器有载调压分接开关机构电机运转指示灯亮。

主变压器有载调压分接开关机构在调压状态。

（1）检查主变压器各侧负荷、母线电压变化情况；

（2）检查主变压器远方和就地挡位显示是否一致；

（3）检查主变压器有载调压装置是否正常。

259　主变压器有载调压分接开关就地操作

异常现象

（1）监控后台机发出预告音响，报出主变压器"有载调压分接开关就地操作"信息；

（2）主变压器有载调压分接开关机构"远方/就地"切换开关在"就地"位置。

异常原因

（1）就地调压时，防止远方同时操作，将"远方/就地"切换开关切至"就地"位置；

（2）远控系统故障。

处理建议

（1）检查远控系统是否正常，"远方/就地"切换开关是否切换到位；

（2）就地调压完毕后，及时将"远方/就地"切换开关切换至"远方"位置。

260　主变压器冷却装置Ⅰ路电源故障

异常现象

（1）监控后台机发出预告音响，报出主变压器"冷却装置Ⅰ路电源故障""冷却装置Ⅱ路电源投入"信息；

（2）主变压器冷却装置控制箱冷却装置Ⅰ路电源"故障"指示灯亮。

异常原因

（1）冷却装置交流电源Ⅰ路消失或缺相；

（2）冷却装置控制回路短路或绝缘不良；

（3）冷却装置交流电源Ⅰ路回路故障。

处理建议

（1）检查主变压器运行情况及冷却装置电源切换是否正常；

（2）检查冷却装置交流电源Ⅰ路回路及电缆有无异常，电源是否缺相；

（3）检查冷却装置控制回路。

261　主变压器冷却装置Ⅱ路电源故障

异常现象

（1）监控后台机发出预告音响，报出主变压器"冷却装置Ⅱ路电源故障""冷却装置Ⅰ路电源投入"信息；

（2）主变压器冷却装置控制箱Ⅱ路电源"故障"指示灯亮。

(1) 冷却装置交流电源Ⅱ路消失或缺相；
(2) 冷却装置控制回路短路或绝缘不良；
(3) 冷却装置交流电源Ⅱ路回路故障。

处理建议

(1) 检查主变压器运行情况及冷却装置电源切换是否正常；
(2) 检查冷却装置交流电源Ⅱ路回路及电缆有无异常，电源是否缺相；
(3) 检查冷却装置控制回路。

262 **主变压器冷却装置控制电源故障**

异常现象

(1) 监控后台机发出预告音响，报出主变压器"冷却装置控制电源故障"信息；
(2) 主变压器冷却装置控制箱控制电源"故障"指示灯亮。

异常原因

(1) 冷却装置控制电源消失；
(2) 冷却装置控制回路短路或绝缘不良。

处理建议

(1) 检查主变压器运行情况及冷却装置控制电源；
(2) 检查冷却装置控制回路。

263 **主变压器冷却装置Ⅰ路电源投入**

异常现象

(1) 监控后台机发出预告音响，报出主变压器"冷却装置Ⅰ路电源投入"信息；
(2) 主变压器冷却装置"运行"指示灯亮，冷却装置工作电源切换开关在Ⅰ路位置。

异常原因

(1) 冷却装置Ⅰ路电源在工作状态；
(2) 冷却装置Ⅱ路电源在备用状态。

处理建议

检查冷却装置运行是否正常。

264 　主变压器冷却装置Ⅱ路电源投入

异常现象

（1）监控后台机发出预告音响，报出主变压器"冷却装置Ⅱ路电源投入"信息；
（2）主变压器冷却装置控制柜Ⅱ路电源"运行"指示灯亮，冷却装置工作电源切换开关在Ⅱ路位置。

异常原因

（1）冷却装置Ⅱ路电源在工作状态；
（2）冷却装置Ⅰ路电源在备用状态。

处理建议

检查冷却装置运行是否正常。

265 　主变压器冷却装置投入

异常现象

（1）监控后台机发出预告音响，报出主变压器"冷却装置投入"信息；
（2）冷却装置"运行"指示灯亮，冷却装置切换开关在工作位置。

异常原因

冷却装置在工作状态。

处理建议

检查冷却装置运行是否正常。

266 　主变压器冷却装置全停

异常现象

监控后台机发出预告音响，报出主变压器"冷却装置全停""冷却装置Ⅰ路电源故障""冷却装置Ⅱ路电源故障""冷控失电告警""油面温度高告警""绕组温度高告警"信息。

异常原因

（1）一组冷却装置电源消失后，自动切换回路故障，造成另一组电源不能投入；
（2）冷却装置交流电源消失或缺相，或控制回路电源消失；
（3）冷却装置控制回路或交流电源回路有短路现象，造成电源空气开关跳闸。

处理建议

（1）退出主变压器保护装置冷控失电停跳闸压板，密切监视异常主变压器负荷情况、油温和绕组温度；

（2）检查主变压器冷却装置电源回路和控制回路；

（3）当冷却装置全停时，允许带额定负载运行 20min，如 20min 内顶层油温还未达到 75℃，允许上升到 75℃，但在这种状态下运行的最长时间不得超过 1h，否则应将主变压器退出运行。

267　主变压器备用冷却装置投入

异常现象

（1）监控后台机发出预告音响，报出主变压器"备用冷却装置投入""冷却装置故障"信息；

（2）工作状态冷却装置停止运转，备用冷却装置"投入"指示灯亮。

异常原因

工作状态冷却装置停止运转，备用冷却装置自动投入运行。

处理建议

（1）将备用冷却装置切换至工作位置；

（2）将故障冷却装置切换至停止位置；

（3）检查故障冷却装置。

268　主变压器辅助冷却装置投入

异常现象

（1）监控后台机发出预告音响，报出主变压器"辅助冷却装置投入""风扇启动"信息；

（2）主变压器冷却装置控制柜辅助冷却装置"投入"指示灯亮。

异常原因

（1）油面温度上升，启动辅助冷却装置；

（2）主变压器负荷电流达到辅助冷却装置起动定值。

处理建议

（1）检查主变压器油温及负荷；

（2）检查辅助冷却装置运转是否正常。

269　主变压器冷却装置故障

异常现象

（1）监控后台机发出预告音响，报出主变压器"冷却装置故障""备用冷却装置投入"

信息；

(2) 工作冷却装置"故障"指示灯亮，备用冷却装置"运行"指示灯亮。

异常原因

(1) 工作冷却装置电机过载，热继电器、油流继电器动作；

(2) 工作冷却装置电机、油泵故障；

(3) 工作冷却装置交流电源或控制电源消失。

处理建议

(1) 将故障冷却装置切换至停止位置，将备用冷却装置切换至工作位置；

(2) 检查故障冷却装置交流电源或控制电源；

(3) 检查故障冷却装置控制回路；

(4) 检查风扇、电机、热继电器、油流继电器；

(5) 检查故障冷却装置油泵工作状态。

270　主变压器断路器控制回路断线

异常现象

(1) 监控后台机发出预告音响，报出主变压器断路器"控制回路断线""弹簧未储能""压力降低闭锁跳合闸""SF$_6$异常闭锁"信息；

(2) 断路器"位置"指示灯不亮，主变压器保护装置"告警"指示灯亮。

异常原因

(1) 主变压器断路器控制回路空气开关跳闸；

(2) 主变压器断路器控制回路断线（含端子松动、接触不良）或短路；

(3) 弹簧机构弹簧未储能或断路器机构压力降至闭锁值，或SF$_6$气体压力降至闭锁值；

(4) 断路器机构"远方/就地"切换开关损坏。

处理建议

(1) 检查主变压器测控装置告警信息及运行情况，密切留意后续预告及动作信号，如有异常象征，令检查人员迅速撤离现场；

(2) 检查主变压器断路器控制回路空气开关、跳合闸线圈、端子接线、辅助开关等是否接触良好；

(3) 检查弹簧机构、断路器机构和SF$_6$的压力值；

(4) 检查断路器机构"远方/就地"切换开关及断路器位置指示。

271　主变压器高压侧操作箱失电

异常现象

(1) 监控后台机发出预告音响，报出主变压器"高压侧操作箱失电""装置告警""控制回路断线"信息；

（2）主变压器高压侧操作箱"运行"指示灯不亮。

异常原因

（1）主变压器高压侧操作箱控制电源空气开关跳闸；

（2）主变压器高压侧操作箱控制回路故障。

处理建议

（1）检查主变压器测控装置告警信息及运行情况；

（2）检查主变压器高压侧操作箱控制电源空气开关及回路。

272　主变压器测控装置告警

异常现象

（1）监控后台机发出预告音响，报出"主变压器测控装置告警""TV 断线告警""TA 断线告警""控制回路断线"信息；

（2）主变压器测控装置"告警"指示灯亮。

异常原因

（1）电压互感器或电流互感器二次回路断线（含端子松动、接触不良）、短路；

（2）跳、合闸位置继电器故障；

（3）保护装置二次回路短路接地。

处理建议

（1）检查主变压器保护装置各种灯光指示是否正常；

（2）检查主变压器保护装置报文；

（3）检查主变压器保护装置、电压互感器、电流互感器的二次回路有无明显异常；

（4）根据检查情况，由相关专业人员进行处理。

273　主变压器测控装置失电

异常现象

（1）监控后台机发出预告音响，报出"主变压器测控装置失电""主变压器测控装置通信中断"信息；

（2）主变压器测控装置液晶面板无显示，"运行"指示灯不亮。

异常原因

（1）主变压器测控装置电源消失，空气开关跳闸或电源插件损坏；

（2）主变压器测控装置电源回路断线或短路；

（3）直流馈线屏主变压器测控装置空气开关跳闸。

处理建议

（1）检查主变压器测控装置运行情况，公共测控装置告警信息；

（2）检查主变压器测控装置及相应的直流馈线屏主变压器测控装置电源空气开关是否跳闸；

（3）检查主变压器测控装置电源回路及插件有无明显异常；

（4）根据检查情况，由相关专业人员处理。

274　主变压器中压侧母线接地告警

异常现象

（1）监控后台机发出预告音响，报出主变压器"中压侧母线接地告警""Ⅰ母接地""Ⅱ母接地"信息。监控后台机画面显示主变压器中压侧母线电压不平衡；

（2）主变压器中后备保护装置液晶面板显示"中压侧母线接地"。

异常原因

（1）线路单相接地；

（2）站内母线及母线设备单相接地；

（3）电压互感器高压侧熔断器熔断，低压侧空气开关跳闸。

处理建议

（1）根据接地母线电压指示或测量电压互感器二次测电压值，判断接地相别；

（2）采取安全措施，检查站内设备有无异常；

（3）根据接地选线装置显示或现场规程规定，按顺序进行接地选线，查出接地线路或设备。

275　线路保护装置纵联通道 3dB 告警

异常现象

（1）监控后台机发出预告音响，报出线路保护装置"纵联通道 3dB 告警"信号；

（2）线路保护装置就地"告警"信号灯亮。

异常原因

线路对侧保护装置远传Ⅰ有开入后，通过数字通道传送到本侧保护装置，本侧保护装置并不作用于跳闸出口，而是如实将对侧开入接点状态反映本侧对应开出触点上。

处理建议

（1）检查线路保护装置动作信息及运行情况；

（2）根据检查情况，由相关专业人员进行处理。

276　线路保护装置重合闸方式异常

异常现象

（1）监控后台机发出预告音响，报出线路保护装置"重合闸方式异常""装置异常"信息；

（2）线路保护装置点亮就地"告警"信号灯。

异常原因

线路保护装置检测到重合闸单重、三重、综重、停用四种方式任有两种同时投入，综重切换开关开入接点故障。

处理建议

检查重合闸切换开关的重合闸方式投入是否正确。

277　线路保护装置重合闸未充电

异常现象

（1）监控后台机发出预告音响，报出"重合闸未充电"信号；

（2）线路保护装置重合闸充电指示为未充电状态。

异常原因

断路器合上后，重合闸检测到跳位开入、闭锁重合闸开入、装置长期启动、压力闭锁重合闸任一条件时均不充电。

处理建议

（1）检查保护装置告警信息及运行情况；

（2）检查保护装置重合闸充电指示；

（3）根据检查情况，由相关专业人员进行处理。

278　线路保护装置闭锁重合闸

异常现象

（1）监控后台机发出预告音响，报出"重合闸停用"或"闭锁重合闸告警"信息；

（2）线路保护装置重合闸指示为未充电状态。

异常原因

（1）断路器液压机构或气动机构压力降至闭锁重合闸值；SF_6 断路器 SF_6 气体压力降

至闭锁重合闸值；

（2）重合闸停用；

（3）发生永久性故障，保护后加速动作；

（4）收到外部闭锁重合闸信号（如手跳闭锁重合闸等）；

（5）失灵保护、低周低压减载装置、母线保护、稳控装置动作；

（6）重合闸"充电"未满。

处理建议

（1）检查保护装置告警信息及运行情况；

（2）检查断路器机构压力值，检查断路器 SF_6 气体压力值；

（3）检查站内的设备有无异常；

（4）根据检查情况，由相关专业人员进行处理。

279　线路保护装置 TA 断线告警

异常现象

（1）监控后台机发出预告音响，报出"TA 断线""装置告警"信息；

（2）线路保护装置"告警"指示灯亮。

异常原因

（1）电流互感器本体故障；

（2）电流互感器二次回路断线（含端子松动、接触不良）或短路。

处理建议

（1）检查保护装置告警信息及运行情况；密切留意后续预告或动作信号，如有异常象征，迅速撤离现场检查人员；

（2）退出可能误动的保护和自动装置，查找故障时应采取安全措施，防止高压伤人；

（3）检查故障电流互感器是否有异常、异声、异味，及电流互感器二次电流回路有无烧蚀；

（4）确有上述情况，应将电流互感器退出运行。

280　线路保护装置 TA 断线闭锁差动

异常现象

（1）监控后台机发出预告音响，报出线路保护装置"TA 断线闭锁差动""TA 断线告警""装置告警"信息；

（2）线路保护装置"告警"指示灯亮。

异常原因

（1）电流互感器本体故障；

（2）电流互感器二次回路断线（含端子松动、接触不良）或短路。

处理建议

（1）检查保护装置告警信息及运行情况；密切留意后续预告或动作信号，如有异常象征，迅速撤离现场检查人员；

（2）退出可能误动的保护和自动装置，查找故障时应采取安全措施，防止高压伤人；

（3）检查故障电流互感器是否有异常、异声、异味，及电流互感器二次电流回路有无烧蚀；

（4）确有上述情况，应将电流互感器退出运行。

281　线路保护装置母线 TV 断线告警

异常现象

（1）监控后台机发出预告音响，报出线路保护装置"母线 TV 断告警""装置告警"信息；

（2）线路保护装置"告警"指示灯亮。

异常原因

（1）母线电压互感器本体故障；

（2）母线电压互感器熔断器熔断或空气开关跳闸，电压互感器二次回路断线（含端子松动、接触不良）或短路；

（3）母线电压切换回路或电压并列回路故障。

处理建议

（1）检查保护装置告警信息及运行情况；密切留意后续的预告及动作信号，如有异常象征，迅速撤离现场检查人员；

（2）退出可能误动的保护和自动装置；

（3）检查母线电压互感器的熔断器是否熔断或空气开关是否跳开；

（4）如母线电压互感器本体故障，隔离故障点后将电压互感器二次并列运行。

282　线路保护装置线路 TV 断线告警

异常现象

（1）监控后台机发出预告音响，报出线路保护装置"线路 TV 断线告警""装置告警"信息；

（2）线路保护装置"告警"指示灯亮。

异常原因

（1）线路电压互感器本体故障；

（2）线路电压互感器熔断器熔断或空气开关跳闸，电压互感器二次回路断线（含端子松动、接触不良）或短路；

（3）线路电压切换回路故障。

处理建议

（1）检查保护装置告警信息及运行情况；密切留意后续的预告及动作信号，如有异常象征，迅速撤离现场检查人员；

（2）退出可能误动的保护和自动装置；

（3）检查线路电压互感器的熔断器是否熔断或空气开关是否跳开；

（4）如线路电压互感器本体故障，应将线路停电，隔离故障点。

283　线路保护装置纵联启动

异常现象

（1）监控后台机发出预告音响，报出线路保护装置"纵联启动""距离启动""零序启动""保护启动""故障录波器动作"告警信息；

（2）线路保护装置"告警"指示灯亮。

异常原因

（1）负荷突变；

（2）线路发生内部或外部故障。

处理建议

（1）检查保护装置告警信息及运行情况；

（2）检查本线路间隔设备有无异常，重点是本线路间隔电流互感器至出口有无异常。

284　线路保护装置距离启动

异常现象

（1）监控后台机发出预告音响，报出线路保护装置"距离启动""纵联启动""零序启动""保护启动""故障录波器动作"告警信息；

（2）线路保护装置"告警"指示灯亮。

异常原因

（1）负荷突变；

（2）线路发生内部或外部故障。

处理建议

（1）检查保护装置告警信息及运行情况；

（2）检查本线路间隔设备有无异常，重点是本线路间隔电流互感器至出口有无异常。

285　线路保护装置零序启动

异常现象

（1）监控后台机发出预告音响，报出线路保护装置"零序启动""距离启动""纵联启动""保护启动""故障录波器启动"告警信息；
（2）线路保护装置"告警"指示灯亮。

异常原因

（1）负荷突变；
（2）线路发生内部或外部故障。

处理建议

（1）检查保护装置告警信息及运行情况；
（2）检查本线路间隔设备有无异常，重点是本线路间隔电流互感器至出口有无异常。

286　线路保护装置零序长期启动

异常现象

（1）监控后台机发出预告音响，发出线路保护装置"零序长期启动""装置告警""TA断线告警""故障录波器动作"告警信息。
（2）线路保护装置"告警"指示灯亮。

异常原因

（1）电流互感器二次回路断线（含端子松动、接触不良）或短路；
（2）发生区外故障；
（3）保护装置检测到零序电流值达到零序启动定值，经固定延时发信。

处理建议

（1）检查保护装置告警信息及运行情况；
（2）检查本线路间隔设备有无异常，重点检查线路电流互感器至出口之间有无异常；
（3）检查电流互感器二次电流回路有无明显异常。

287　线路保护装置长期启动

异常现象

（1）监控后台机发出预告音响，报出线路保护装置"装置长期启动""装置告警"信息；

（2）线路保护装置"告警"指示灯亮。

异常原因

（1）负荷连续频繁突变；
（2）线路保护装置启动元件频繁动作，经固定延时发信。

处理建议

（1）检查保护装置告警信息及运行情况；
（2）检查本线路间隔设备有无异常，重点检查本线路电流互感器至出口之间有无异常。

288　线路保护装置复压闭锁长时间动作告警

异常现象

（1）监控后台机发出预告音响，报出线路保护装置"复压闭锁长时间动作""装置告警"信息；
（2）线路保护装置"告警"指示灯亮。

异常原因

（1）负荷连续频繁突变；
（2）保护装置启动元件频繁动作，经固定延时发信。

处理建议

（1）检查保护装置告警信息及运行情况；
（2）检查本线路间隔设备有无异常，重点检查本线路电流互感器至出口之间有无异常。

289　线路保护装置无对侧数据

异常现象

（1）监控后台机发出预告音响，报出线路保护装置"无对侧数据""通道异常""装置告警"信息。
（2）线路保护装置"告警""通道异常"指示灯亮。

异常原因

线路保护装置通道中断。

处理建议

（1）检查保护装置告警信息及运行情况；
（2）检查线路两侧保护装置光纤是否正常连接，检查通信线是否松动及通道接口是否故障；

（3）根据检查情况，由相关专业人员进行处理。

290　线路保护装置参数错

异常现象

（1）监控后台机发出预告音响，报出线路保护装置"装置参数错""装置告警"信息；

（2）线路保护装置"告警"指示灯亮。

异常原因

（1）装置参数设置不符合规定；

（2）CPU（中央处理器）损坏。

处理建议

（1）检查保护装置告警信息及运行情况；

（2）根据检查情况，由相关专业人员处理。

291　线路保护装置光纤纵联码错

异常现象

监控后台机发出预告音响，报出线路保护装置"通道 A 或 B 纵联码错""装置告警"信息。

异常原因

（1）线路保护装置通道 A 或 B 接线交叉，使线路保护装置检测到通道 A 接收到的纵联码与定值中的对侧纵联码不一致；

（2）线路保护装置纵联码整定错误，使线路保护装置检测到通道 A 或 B 接收到的纵联码与定值中的对侧纵联码不一致。

处理建议

（1）检查保护装置告警信息及运行情况；

（2）根据检查情况，由相关专业人员处理。

292　线路保护装置光纤严重误码

异常现象

监控后台机发出预告音响，报出线路保护装置"光纤严重误码""装置告警"信息。

异常原因

因下列原因，使线路保护装置检测到通道 A 或 B 在整定时间内连续有整定数量的报文通不过 CSC 校验：

（1）通道设置错误；

（2）光电转换器故障；

（3）尾纤插头松动。

处理建议

（1）检查保护装置告警信息及运行情况；

（2）检查光电转换器工作情况；

（3）根据检查情况，由相关专业人员处理。

293 **线路保护装置光纤数据异常**

异常现象

监控后台机发出预告音响，报出线路保护装置"光纤数据异常""装置告警"信息。

异常原因

下列原因致使线路保护装置检测到通道 A 或 B 接收不到正确数据：

（1）通道设置错误；

（2）光电转换器故障；

（3）尾纤插头松动。

处理建议

（1）检查保护装置告警信息及运行情况；

（2）检查光电转换器工作情况；

（3）根据检查情况，由相关专业人员处理。

294 **线路保护装置通道 A 接受错误**

异常现象

监控后台机发出预告音响，报出线路保护装置"通道 A 接受错误""装置告警"信息。

异常原因

不在通道自环试验方式时，通道 A 发送和接收的数据一样，说明未投通道自环方式时，通道 A 形成自环。

处理建议

（1）检查保护装置告警信息及运行情况；

（2）检查保护装置背板光纤收、发端是否用尾纤短接；

（3）根据检查情况，由相关专业人员处理。

295　线路保护装置通道 B 接受错误

异常现象

监控后台机发出预告音响，报出线路保护装置"通道 B 接受错误""装置告警"信息。

异常原因

不在通道自环试验方式时，通道 B 发送和接收的数据一样，说明未投通道自环方式时，通道 B 形成自环。

处理建议

（1）检查保护装置告警信息及运行情况；
（2）检查保护装置背板光纤收、发端是否用尾纤短接；
（3）根据检查情况，由相关专业人员处理。

296　线路保护装置通道 A 长期差流告警

异常现象

监控后台机发出预告音响，报出线路保护装置"通道 A 长期差流告警""装置告警""TA 断线"告警信息。

异常原因

线路保护装置因下列原因，检测到通道 A 差动电流大于告警定值：
（1）线路两侧设备参数差异过大；
（2）电流互感器二次回路断线（含端子松动、接触不良）。

处理建议

（1）检查保护装置告警信息及运行情况；
（2）电流互感器二次电流回路有无明显异常。

297　线路保护装置通道 B 长期差流告警

异常现象

监控后台机发出预告音响，报出线路保护装置"通道 B 长期差流告警""装置告警"、"TA 断线"告警信息。

异常原因

线路保护装置因下列原因，检测到通道 B 差动电流大于告警定值：
（1）线路两侧设备参数差异过大；

（2）电流互感器二次回路断线（含端子松动、接触不良）。

（1）检查保护装置告警信息及运行情况；
（2）电流互感器二次电流回路有无明显异常。

298　线路保护装置容抗整定出错

监控后台机发出预告音响，报出线路保护装置"容抗整定出错""装置告警"信息。

装置定值整定出错，保护装置检测到整定的容抗比线路实际的容抗大。

（1）检查保护装置告警信息及运行情况；
（2）根据检查情况，由相关专业人员进行处理。

299　线路保护装置纵联通道故障

（1）监控后台机发出预告音响，报出"纵联通道故障"信息；
（2）光纤保护装置通道"异常"指示灯亮。

线路保护装置因纵联通道设备故障，检测到纵联通道无法正常交换；

（1）检查光纤保护通道状态量；
（2）将相应纵联主保护改投信号方式。

300　线路保护装置外部停信开入错

监控后台机发出预告音响，报出"外部停信开入错""装置告警"信息。

线路断路器微机分相操作箱永跳继电器触点黏死，保护装置检测到保护未启动，但长期有外部停信开入信号。

处理建议

(1) 检查保护装置告警信息及运行情况；

(2) 根据检查情况，由相关专业人员进行处理。

301 线路保护装置外接 $3U_0$ 接反

异常现象

监控后台机发出预告音响，报出线路保护装置"外接 $3U_0$ 接反""装置告警"信息。

异常原因

因下列原因，保护装置动作后检测到外接 $3U_0$ 相位与自产 $3U_0$ 相位相反：

(1) 电压互感器二次开口 $3U_0$ 极性接线错误；

(2) 保护装置 $3U_0$ 极性接线错误。

处理建议

(1) 检查电压互感器二次开口 $3U_0$ 极性接线；

(2) 检查保护装置。

302 线路保护装置压板模式未确认

异常现象

监控后台机发出预告音响，报出线路保护装置"压板模式未确认""装置告警"信息。

异常原因

保护装置没有设置软压板模式，使保护装置检测到软压板模式未设置。

处理建议

(1) 检查保护装置告警信息及运行情况；

(2) 根据检查情况，由相关专业人员进行处理。

303 线路保护装置跳位 A 开入异常

异常现象

监控后台机发出预告音响，线路保护装置报出"跳位 A 开入异常""装置告警"信息。

异常原因

因下列原因，使保护装置检测到 A 相跳位继电器触点闭合且有电流。

(1) A 相跳位继电器故障，触点粘死；

(2) A 相电流回路接线错误。

（1）检查线路保护装置告警信息及运行情况；

（2）根据检查情况，由相关专业人员处理。

304　线路保护装置跳位 B 开入异常

异常现象

监控后台机发出预告音响，线路保护装置报出"跳位 B 开入异常""装置告警"信息。

异常原因

因下列原因，使保护装置检测到 B 相跳位继电器触点闭合且有电流。

（1）B 相跳位继电器故障，触点黏死；

（2）B 相电流回路接线错误。

处理建议

（1）检查线路保护装置告警信息及运行情况；

（2）根据检查情况，由相关专业人员处理。

305　线路保护装置跳位 C 开入异常

异常现象

监控后台机发出预告音响，线路保护装置报出"跳位 C 开入异常""装置告警"信息。

异常原因

因下列原因，使保护装置检测到 C 相跳位继电器触点闭合且有电流。

（1）C 相跳位继电器故障，触点黏死；

（2）C 相电流回路接线错误。

处理建议

（1）检查线路保护装置告警信息及运行情况；

（2）根据检查情况，由相关专业人员处理。

306　线路保护装置跳合出口异常

异常现象

监控后台机发出预告音响，报出线路保护装置"跳合出口异常""装置告警"信息。

异常原因

线路保护装置因下列原因，检测到跳合闸出口回路异常：

（1）开出回路元件损坏；

（2）开出检测不响应；

（3）有开出变位未复归或确认。

（1）检查保护装置告警信息及运行情况；

（2）检查开出量状态与现场设备状态是否相符，如一致，复归信号或确认。

307　线路保护装置软压板自检错

异常现象

监控后台机发出预告音响，报出线路保护装置"软压板自检错""装置告警"信息。

异常原因

因下列原因，线路保护装置检测到软压板位置与保护定值不一致：

（1）保护装置软压板位置与保护定值设置不同；

（2）自检或检验程序出错；

（3）CPU（中央处理器）损坏。

处理建议

（1）检查保护装置告警信息及运行情况；

（2）根据检查情况，由相关专业人员进行处理。

308　线路保护装置内部通信出错

异常现象

监控后台机发出预告音响，报出线路保护装置"内部通信出错""装置告警"信息。

异常原因

因保护装置内部CPU（中央处理器）、管理板、采样板、开入（开出）模块之间通信异常，使保护装置检测到内部元件之间通信出错。

处理建议

（1）检查保护装置告警信息及运行情况；

（2）根据检查情况，由相关专业人员进行处理。

309　线路保护装置模拟量采集错

异常现象

监控后台机发出预告音响，报出线路保护装置"模拟量采集错""装置告警"信息。

因下列原因，保护装置检测到模拟量采集系统出错：

（1）模拟量输入/输出回路异常；

（2）数据采集系统各元件（A/D模数转换器、采样保持器、转换断路器）故障。

处理建议

（1）检查保护装置告警信息及运行情况；

（2）根据检查情况，由相关专业人员进行处理。

310 线路保护装置开入异常

异常现象

监控后台机发出预告音响，报出线路保护装置"开入异常""装置告警"信息。

异常原因

线路保护装置因下列原因，检测到开入回路异常：

（1）隔离开关位置变位与实际不符；

（2）失灵触点长期启动；

（3）断路器常开与常闭触点不对应；

（4）开入检测不响应或开入回路元件损坏；

（5）有开入变位未复归或确认。

处理建议

（1）检查保护装置告警信息及运行情况；

（2）检查开入量状态与现场设备状态是否相符，如一致，复归信号或确认。

311 线路保护装置开入输入不正常

异常现象

监控后台机发出预告音响，报出线路保护装置"开入输入不正常""装置告警"信息。

异常原因

线路保护装置因下列原因检测到开入回路异常：

（1）隔离开关位置变位与实际不符；

（2）断路器常开与常闭触点不对应；

（3）开入检测不响应或开入回路元件损坏；

（4）有开入变位未复归或确认；

（5）开入回路光隔元件击穿。

处理建议

（1）检查保护装置告警信息及运行情况；

（2）检查开入量状态与现场设备状态是否相符，如一致，复归信号或确认。

312　线路保护装置开入击穿

异常现象

监控后台机发出预告音响，报出线路保护装置"开入击穿""装置告警"信息。

异常原因

线路保护装置因开入回路光隔元件击穿，检测到开入光隔元件击穿。

处理建议

（1）检查保护装置告警信息及运行情况；

（2）根据检查情况，由相关专业人员进行处理。

313　线路保护装置开出击穿

异常现象

监控后台机发出预告音响，报出线路保护装置"开出击穿""装置告警"信息。

异常原因

线路保护装置因开出回路光隔元件击穿损坏或断线，检测到开出光隔元件击穿。

处理建议

（1）检查保护装置告警信息及运行情况；

（2）根据检查情况，由相关专业人员进行处理。

314　线路保护装置光耦电源异常

异常现象

监控后台机发出预告音响，报出线路保护装置"光耦电源异常""装置告警"信息。

异常原因

线路保护装置因下列原因，检测到光隔回路电源异常：

（1）保护装置电源插件损坏；

（2）保护装置光隔电源回路故障。

(1) 检查保护装置告警信息及运行情况；
(2) 检查保护电源及光隔电源是否正常；
(3) 根据检查情况，由相关专业人员进行处理。

315 线路保护装置定值自检错

异常现象

监控后台机发出预告音响，报出线路保护装置"定值自检错""装置告警"信息。

异常原因

(1) 保护装置所选定值校验码错或定值指针错；
(2) EEPROM（电可擦可编程只读存储器）芯片及其连接回路故障。

处理建议

(1) 检查保护装置告警信息及运行情况；
(2) 根据检查情况，由相关专业人员进行处理。

316 线路保护装置定值区号错

异常现象

监控后台机发出预告音响，报出线路保护装置"定值区号错""装置告警"信息。

异常原因

(1) 保护装置所选定值区错或定值指针错。
(2) EEPROM（电可擦可编程只读存储器）芯片及其连接回路故障。

处理建议

(1) 检查保护装置告警信息及运行情况；
(2) 根据检查情况，由相关专业人员进行处理。

317 线路保护装置 SRAM（静态随机存储器）自检异常

异常现象

监控后台机发出预告音响，报出线路保护装置"SRAM自检异常""装置告警"信息。

异常原因

线路保护装置因 SRAM 芯片虚焊或损坏，检测到静态随机存储器异常。

（1）检查保护装置告警信息及运行情况；
（2）根据检查情况，由相关专业人员进行处理。

318 线路保护装置 ROM（只读存储器）和校验错

异常现象

监控后台机发出预告音响，报出线路保护装置"ROM 和校验错""装置告警"信息。

异常原因

线路保护装置因下列原因，检测到只读存储器芯片出错：
（1）ROM 芯片校验出错；
（2）ROM 芯片及其连接回路故障。

处理建议

（1）检查保护装置告警信息及运行情况；
（2）根据检查情况，由相关专业人员进行处理。

319 线路保护装置 Flash（闪速存储器）自检异常

异常现象

监控后台机发出预告音响，报出线路保护装置"Flash 自检异常""装置告警"信息。

异常原因

线路保护装置因 Flash 芯片虚焊或损坏，检测到闪速存储器异常。

处理建议

（1）检查保护装置告警信息及运行情况；
（2）根据检查情况，由相关专业人员进行处理。

320 线路保护装置光电转换器故障

异常现象

（1）监控后台机发出预告音响，报出线路保护装置"光电转换器故障""光纤通道异常"信息；
（2）线路保护装置光电转换器"故障"指示灯亮。

异常原因

线路保护装置因下列原因，检测到光电转换器故障信号：

（1）光电转换器发生故障；

（2）光电转换器电源消失；

（3）光纤通道异常。

处理建议

（1）检查测控装置告警信息及运行情况；

（2）检查光纤复用接口柜光电转换器电源及工作情况；

（3）根据检查情况，由相关专业人员进行处理。

321 线路保护装置告警

异常现象

（1）监控后台机发出预告音响，报出线路"保护装置告警""TV 断线告警""TA 断线告警""控制回路断线"信息；

（2）线路保护装置"告警"指示灯亮。

异常原因

线路保护装置因下列原因，检测到保护装置告警信号：

（1）电压互感器或电流互感器二次回路断线（含端子松动、接触不良）、短路；

（2）跳、合位继电器故障；

（3）保护程序出错，自检、巡检异常；

（4）保护内部元件故障；

（5）保护装置电源消失或二次回路短路接地。

处理建议

（1）检查线路保护装置各种灯光指示是否正常；

（2）检查线路保护装置报文；

（3）检查线路保护装置，电压互感器、电流互感器的二次回路有无明显异常；

（4）根据检查情况，由相关专业人员进行处理。

322 线路保护装置故障

异常现象

（1）监控后台机发出预告音响，报出"线路保护装置故障"信号；

（2）线路保护装置"告警"指示灯亮。

异常原因

线路测控装置因下列原因，检测到线路保护装置故障信号：

（1）线路保护装置内部元件故障；

（2）线路保护装置程序出错，自检异常；

（3）直流系统接地。

处理建议

（1）检查线路保护装置各种灯光指示是否正常；

（2）检查线路保护装置报文；

（3）检查直流系统是否接地；

（4）根据检查情况，由相关专业人员进行处理。

323 线路保护装置失电

异常现象

（1）监控后台机发出预告音响，报出"线路保护装置失电""线路保护装置通信中断"信息；

（2）线路保护装置液晶面板无显示，"运行"指示灯不亮。

异常原因

线路测控装置因下列原因，检测到线路保护装置失电信号：

（1）线路保护装置电源消失，空气开关跳开或电源插件损坏；

（2）线路保护装置电源回路断线或短路。

处理建议

（1）检查线路保护装置运行情况，线路测控装置告警信息；

（2）检查线路保护装置电源空气开关是否跳开；

（3）检查线路保护装置电源回路及插件有无明显异常；

（4）根据检查情况，由相关专业人员进行处理。

324 线路保护装置操作箱第一组电源断线

异常现象

（1）监控后台机发出预告音响，报出线路保护装置"操作箱第一组电源断线""装置告警""第一组控制回路断线"信息；

（2）线路保护装置操作箱第一组"位置"指示灯不亮。

异常原因

线路测控装置因下列原因，检测到断路器微机操作箱第一组电源断线信号：

（1）线路断路器微机操作箱第一组直流电源空气小开关跳闸；

（2）直流屏线路断路器操作箱直流电源空气小开关跳闸。

检查线路断路器微机操作箱第一组直流电源。

325 线路保护装置第一组控制回路断线

异常现象

（1）监控后台机发出预告声响，报出线路保护装置"第一组控制回路断线""控制回路电源故障""弹簧未储能""压力降低闭锁跳合闸""SF_6异常闭锁"信息；

（2）微机操作箱断路器"位置"指示灯不亮，线路保护装置"告警"指示灯亮。

异常原因

线路测控装置因下列原因，检查到断路器第一组控制回路断线信号：

（1）控制回路空气开关跳闸；

（2）断路器机构"远方/就地"切换开关损坏；

（3）弹簧机构弹簧未储能或断路器机构压力降至闭锁值，SF_6气体压力降至闭锁值。

处理建议

（1）检查控制回路空气开关、跳合闸线圈、端子接线、辅助开关等是否接触良好；

（2）检查弹簧机构、断路器机构和SF_6的压力值是否正常。

326 线路保护装置第二组控制回路断线

异常现象

（1）监控后台机发出预告音响，报出线路保护装置"第二组控制回路断线""控制回路电源故障""弹簧未储能""压力降低闭锁跳合闸""SF_6异常闭锁"信息；

（2）微机操作箱断路器"位置"指示灯不亮，线路保护装置"告警"指示灯亮。

异常原因

线路测控装置因下列原因，检查到断路器第二组控制回路断线信号：

（1）控制回路空气开关跳闸；

（2）断路器机构"远方/就地"切换开关损坏；

（3）弹簧机构弹簧未储能或断路器机构压力降至闭锁值，SF_6气体压力降至闭锁值。

处理建议

（1）检查控制回路空气开关、跳合闸线圈、端子接线、辅助开关等是否接触良好；

（2）检查弹簧机构、断路器机构和SF_6的压力值是否正常。

327　线路保护装置切换继电器同时动作

异常现象

（1）监控后台机发出预告声响，报出线路保护装置"切换继电器同时动作"信号；

（2）断路器微机操作箱Ⅰ、Ⅱ母切换指示灯均亮。

异常原因

线路测控装置因下列原因，检测到断路器微机操作箱Ⅰ、Ⅱ母电压切换继电器同时动作信号：

（1）双母线接线时，本线路隔离开关位置双跨；

（2）母线侧隔离开关辅助触点黏死。

处理建议

（1）检查母线侧隔离开关的位置；

（2）检查母线侧隔离开关辅助触点切换是否正常。

328　220kV 及以上线路保护装置失灵启动保护动作

异常现象

（1）监控后台机发出预告声响，报出"失灵启动保护动作""故障录波器动作"信息；

（2）线路断路器失灵启动装置"A 相过流"或"B 相过渡流"或"C 相过流"指示灯亮。

异常原因

线路断路器失灵启动装置任一电流元件因线路故障或负荷突变动作后，发断路器启动失灵命令。

处理建议

（1）检查线路保护装置、断路器分相操作箱、断路器保护装置动作信息及运行情况；

（2）检查断路器机构及位置；

（3）由相关专业人员检查线路及用户侧设备，排除故障点后及时恢复送电。

329　线路断路器保护装置三相不一致异常

异常现象

监控后台机发出预告声响，报出线路断路器保护装置"三相不一致异常""装置告警"信号。

异常原因

（1）线路运行时，断路器跳位继电器故障，或三相跳位继电器不一致；

（2）断路器保护装置有三相不一致状态开入，同时零序电流小于定值并经固定延时发信。

（1）检查线路保护装置动作信息及运行情况；
（2）检查三相跳位继电器是否正常；
（3）检查断路器三相位置及其机构是否正常；
（4）根据检查情况，由相关专业人员进行处理。

330 **线路断路器保护装置跳闸位置继电器开入异常**

监控后台机发出预告音响，报出线路断路器保护装置"跳闸位置继电器开入异常""装置告警"信息。

断路器保护装置在保护未启动时，有跳闸位置开入，且相应相的电流元件不返回，检测到断路器跳位继电器异常。

（1）检查线路保护装置动作信息及运行情况；
（2）检查跳位、合位继电器及断路器辅助触点是否故障；
（3）根据检查情况，由相关专业人员进行处理。

331 **线路断路器保护跳闸开入异常**

监控后台机发出预告音响，报出线路断路器保护装置"跳闸开入异常""装置告警"信息。

断路器保护装置持续有跳闸开入，同时闭锁失灵保护。

（1）检查线路保护装置是否动作；
（2）检查断路器保护装置；
（3）根据检查情况，由相关专业人员进行处理。

332 **线路断路器保护装置失灵重跳**

（1）监控后台机发出预告声响，报出线路断路器保护装置"失灵重跳""保护动作"

"故障录波器动作"信息；

（2）线路保护装置"跳闸"指示灯亮，断路器微机分相操作箱"跳闸"指示灯亮，断路器保护装置"保护动作"指示灯亮。

异常原因

当线路主保护或后备保护动作跳断路器时，断路器任意相发生拒动后，由断路器保护装置再次发令跳拒动相断路器。

处理建议

（1）检查断路器保护装置及测控装置动作信号；

（2）检查线路断路器操作箱指示灯；

（3）检查跳闸断路器位置及间隔设备有无异常；

（4）根据检查情况，由相关专业人员进行处理。

333   线路断路器保护装置告警

异常现象

（1）监控后台机发出预告音响，报出线路"断路器保护装置告警""TA断线告警"信息；

（2）断路器保护装置"告警"指示灯亮。

异常原因

线路测控装置因下列原因，检测到断路器保护装置告警信号：

（1）电流互感器二次回路断线（含端子松动、接触不良）或短路；

（2）保护自检或巡检异常；

（3）断路器保护装置二次回路短路接地。

处理建议

（1）检查断路器保护装置各种灯光指示是否正常；

（2）检查断路器保护装置报文；

（3）检查断路器保护装置，电流互感器二次回路有无明显异常；

（4）根据检查情况，由相关专业人员进行处理，必要时停用保护装置。

334   线路断路器保护装置故障

异常现象

（1）监控后台机发出预告音响，报出线路"断路器保护装置故障""装置告警"信息；

（2）断路器保护装置"告警"指示灯亮。

线路测控装置因下列原因，检测到断路器保护装置故障信号：

（1）断路器保护装置内部元件故障；

（2）保护程序出错，自检、巡检异常；

（3）直流系统接地。

处理建议

（1）检查断路器保护装置各种灯光指示是否正常；

（2）检查断路器保护装置报文；

（3）检查线路测控装置告警信息及运行情况；

（4）检查直流系统是否有接地现象；

（5）根据检查情况，由相关专业人员进行处理，必要时停用保护装置。

335　线路断路器保护装置失电

异常现象

（1）监控后台机发出预告声响，报出线路"断路器保护装置失电""断路器保护装置通信中断"信息；

（2）断路器保护装置液晶面板无显示，"运行"指示灯不亮。

异常原因

线路测控装置因下列原因，检测到断路器保护装置失电信号：

（1）断路器保护装置电源消失、空气开关跳开或电源插件损坏；

（2）断路器保护装置电源回路断线或短路。

处理建议

（1）检查断路器保护装置运行情况、线路测控装置告警信息；

（2）检查保护装置电源空气开关是否跳开；

（3）检查保护装置电源回路及插件有无明显异常；

（4）根据检查情况，由专业人员进行处理。

336　线路测控装置失电

异常现象

（1）监控后台机发出预告声响，报出"线路测控装置失电""线路测控装置通信中断"信息；

（2）线路测控装置液晶面板无显示，"运行"指示灯不亮。

公共测控装置因下列原因，检测到线路测控装置失电信号：

（1）线路测控装置电源消失、空气开关跳开或电源插件损坏；

（2）线路测控装置电源回路断线或短路；

（3）直流馈线屏线路测控装置空气开关跳开。

处理建议

（1）检查线路测控装置运行情况、公共测控装置告警信息；

（2）检查线路测控装置及相应的直流馈线屏线路测控装置电源空气开关是否跳开；

（3）检查线路测控装置电源回路及插件有无明显异常；

（4）根据检查情况，由相关专业人员进行处理。

337　线路保护装置远传动作

异常现象

监控后台机发出预告音响，报出线路保护装置"远传动作"信息。

异常原因

线路对侧保护装置远传有开入后，通过数字通道传送到本侧保护装置，本侧保护装置并不作用于跳闸出口，而是如实将对侧开入触点状态反映到本侧对应的开出触点上。

处理建议

（1）检查线路保护装置动作信息及运行情况；

（2）根据检查情况，由相关专业人员进行处理。

338　线路过负荷

异常现象

（1）监控后台机发出预告音响，报出线路"过负荷""装置告警"信息；

（2）线路保护装置"告警"指示灯亮。

异常原因

线路负荷增大，达到过负荷整定值。

处理建议

（1）检查线路保护装置告警信息及运行情况；

（2）密切监视线路负荷情况，及时转移负荷；

（3）检查本线路断路器间隔设备有无异常，进行设备特巡和红外测温。

339　线路断路器控制回路断线

异常现象

（1）监控后台机发出预告音响，报出线路断路器"控制回路断线""控制电源回路故障""弹簧未储能""压力降低闭锁跳合闸""SF_6异常闭锁"信息；

（2）线路断路器"位置"指示显示为红、绿以外的其他颜色，线路保护装置"告警"指示灯亮。

异常原因

（1）控制回路空气开关跳闸；

（2）控制回路断线（含端子松动、接触不良）或短路；

（3）弹簧机构弹簧未储能或断路器机构压力降至闭锁值，或SF_6气体压力降至闭锁值；

（4）断路器机构"远方/就地"切换开关损坏。

处理建议

（1）检查线路保护装置或公共测控装置告警信息及运行情况，密切留意后续预告或动作信息，如有异常象征，令检查人员迅速撤离现场；

（2）检查断路器控制回路空气开关、跳合闸线圈、端子接线、辅助开关等是否接触良好；

（3）检查弹簧机构、断路器机构和SF_6的压力值；

（4）检查断路器机构"远方/就地"切换开关及断路器跳、合闸位置继电器。

340　线路保护启动

异常现象

监控后台机发出预告音响，报出线路"保护启动"信号。

异常原因

（1）负荷突变；

（2）线路发生内部或外部故障。

处理建议

（1）检查保护装置告警信息及运行情况；

（2）检查本线路断路器间隔设备有无异常。

341　线路保护装置开出异常

异常现象

监控后台机发出预告音响，报出线路保护装置"开出异常""装置告警"信息。

异常原因

(1) 开出回路元件损坏；

(2) 开出检测不响应；

(3) 有开出变位未复归或确认。

处理建议

(1) 检查保护装置告警信息及运行情况；

(2) 检查开出量状态与现场设备状态是否相符，如一致，复归信号或确认。

342 小电流接地系统线路零序过压告警

异常现象

(1) 监控后台机发出预告音响，报出小电流接地系统线路"零序过压告警""装置告警"信息，小电流接地系统母线三相电压不平衡，$3U_0$ 电压升高；

(2) 线路保护装置"告警"指示灯亮。

异常原因

本线路有单相接地。

处理建议

(1) 检查保护装置告警信息及运行情况；

(2) 检查母线电压是否正常；

(3) 检查本站本断路器间隔设备有无异常。

343 小电流接地系统线路本回线路接地

异常现象

(1) 监控后台机发出预告音响，报出小电流接地系统线路"本回线路接地""装置告警"信息；小电流接地系统母线三相电压不平衡，$3U_0$ 电压升高；

(2) 该线路保护装置"告警"指示灯亮。

异常原因

本线路有单相接地。

处理建议

(1) 检查保护装置告警信息及运行情况；

(2) 检查母线电压是否正常；

(3) 检查本站本断路器间隔设备有无异常。

344　线路断路器弹簧机构未储能

异常现象

（1）监控后台机发出预告声响，报出线路断路器"弹簧机构未储能""控制回路断线""装置告警"信息；

（2）对应的线路保护装置"告警"指示灯亮。

异常原因

（1）储能电源断线或空气开关跳闸；

（2）储能弹簧机械故障；

（3）弹簧储能电机控制回路断线。

处理建议

（1）检查储能电源空气开关；

（2）检查弹簧储能电机控制回路；

（3）检查储能弹簧是否正常。

345　直流系统绝缘故障

异常现象

监控后台机发出预告声响，报出"直流系统绝缘故障""直流系统馈线接地告警"或"直流系统母线接地告警"信号。

异常原因

以下原因，致使公共测控装置检测到直流微机监控装置发出直流系统绝缘故障告警信号：

（1）在二次回路上工作时，造成直流馈线接地；

（2）直流馈线电缆或其回路上的元件受潮、锈蚀、发热等原因造成绝缘下降；

（3）直流母线或蓄电池、充电设备绝缘不良；

（4）绝缘监测装置或直流监控装置故障误发信号。

处理建议

（1）检查在线直流绝缘监测装置正、负极对地电压是否正常，判断直流系统有无接地、接地范围或接地回路。

（2）测量直流母线正、负极对地电压是否正常（正常值正、负压差不超过40V）。

（3）瞬时断、合直流馈线屏各馈线支路电源空气开关，确定具体接地支路，断、合保护及控制电源前，须停用有关保护。

（4）通过仪表检测接地回路设备的绝缘等方法排查接地点。若经检查不是直流馈线支路接地，重点检查与直流母线相接的其他设备。

（5）如有两组蓄电池组，应先将电源倒至另一蓄电池组运行。隔离故障点后，根据检查情况，由相关专业人员进行处理。

346　直流系统蓄电池欠压

异常现象

监控后台机发出预告音响，报出"直流系统蓄电池欠压""直流系统电压异常"信息。

异常原因

直流微机监控装置因下列原因，检测到蓄电池巡检仪发出蓄电池欠压告警信号：
（1）充电装置故障导致蓄电池长期放电；
（2）蓄电池的熔断器和连线有无松动或接触不良；
（3）蓄电池运行时间过长，有落后电池。

处理建议

（1）检查直流系统及通信电源系统蓄电池组电压，单个蓄电池电压是否正常；
（2）检查充电装置是否正常；
（3）检查监控装置电池电压整定值是否正确；
（4）查看故障记录，确认电压不正常的蓄电池，检查其熔断器和连线有无松动或接触不良。

347　蓄电池一组单节电池过压

异常现象

监控后台机发出预告音响，报出"蓄电池一组单节电池过压""直流系统电压异常"信息。

异常原因

（1）充电装置故障或有故障蓄电池；
（2）交流电源电压异常。

处理建议

（1）检查蓄电池组电压、单个电池电压是否正常；
（2）检查充电装置是否故障；
（3）检查监控装置蓄电池电压整定值是否正常。

348　蓄电池一组单节电池欠压

异常现象

监控后台机发出预告音响，报出"蓄电池一组单节电池欠压""直流系统电压异常"

信息。

（1）充电装置故障导致蓄电池长期放电；
（2）蓄电池熔断器或连线有无松动或接触不良；
（3）蓄电池运行时间过长，有落后电池。

处理建议

（1）检查蓄电池组电压，单个蓄电池电压是否正常；
（2）检查充电装置是否故障；
（3）检查监控装置蓄电池电压整定值是否正常。

349　蓄电池单体电压、温度告警

异常现象

监控后台机发出预告音响，报出直流系统蓄电池"单体电压、温度告警""直流系统总告警"信息。

异常原因

（1）充电装置故障或有落后或损坏的蓄电池；
（2）交流电源电压过低或消失，蓄电池长期过充、欠充或放电。

处理建议

（1）检查蓄电池组电压、单个蓄电池电压是否正常；
（2）检查充电装置是否故障；
（3）检查蓄电池屏温度、温度传感装置是否正常；
（4）检查监控装置蓄电池电压整定是否正确。

350　直流系统充电装置故障

异常现象

（1）监控后台机发出预告音响，报出"直流系统充电装置故障"信息；
（2）直流电源充电装置"故障"指示灯亮。

异常原因

（1）充电装置故障；
（2）充电装置交流电源异常；
（3）充电装置直流输出异常。

处理建议

(1) 检查充电装置运行是否正常；

(2) 关闭充电装置电源重新启动，如仍不正常，进一步检查低压配电屏充电装置电源空气开关及直流充电装置交流输入、直流输出熔断器（或空气开关）是否正常；

(3) 若充电模块内部熔断器熔断，查明原因后更换容量符合要求的熔断器；

(4) 充电模块接线端子或插头松动，应进行紧固或重新插接。

351　直流系统蓄电池熔断器熔断故障

异常现象

(1) 监控后台机发出预告音响，报出"直流系统蓄电池熔断器熔断故障"信息；

(2) 直流蓄电池组正极或负极熔断器熔断故障。

异常原因

公共测控装置因下列原因，检测到直流微机监控装置发出直流系统蓄电池熔断器熔断故障信号。

(1) 蓄电池组正负极熔断器熔断。

(2) 蓄电池熔断器信号回路故障。

处理建议

(1) 检查蓄电池正负极熔断器是否熔断或接触不良；

(2) 若熔断器熔断，查明原因后更换容量符合要求的熔断器；

(3) 检查熔断器信号回路及辅助报警触点有无异常。

352　直流系统交流故障

异常现象

监控后台机发出预告音响，报出"直流系统交流故障""直流系统充电装置故障""直流系统总告警"信息。

异常原因

(1) 交流电源异常或消失，使公共测控装置检查到直流电源充电装置发出的直流系统交流故障信号；

(2) 直流系统充电装置的交流电源回路故障。

处理建议

(1) 检查直流监控装置；

(2) 检查直流充电屏、站用变屏直流系统交流电源空气开关或熔断器；

（3）检查直流系统充电机交流电源回路，测量交流三相电压是否正常。

353　直流系统交流过压

异常现象

监控后台机发出预告音响，报出"直流系统交流故障""交流过压""直流系统总告警"信息。

异常原因

（1）交流电源输入电压异常；
（2）交流电源回路故障。

处理建议

（1）检查交流输入电源；
（2）检查交流电源空气开关或交流接触器是否在正常运行位置；
（3）检查交流电源回路，测量交流三相电压是否正常。

354　直流系统交流欠压

异常现象

监控后台机发出预告音响，报出"直流系统交流故障""交流欠压""直流系统总告警"信息。

异常原因

（1）交流电源输入电压异常；
（2）交流电源回路故障。

处理建议

（1）检查交流输入电源；
（2）检查交流电源空气开关或交流接触器是否在正常运行位置；
（3）检查交流电源回路，测量交流三相电压是否正常。

355　直流系统绝缘监测仪异常

异常现象

监控后台机发出预告音响，报出"直流系统绝缘监测仪异常""直流系统总告警"信息。

异常原因

（1）直流系统绝缘监测仪内部元件故障，使公共测控装置检测到直流系统绝缘监测仪异常信号；

（2）直流系统绝缘监测仪电源消失。

处理建议

（1）检查直流系统绝缘监测仪电源及运行情况；

（2）检查绝缘监测装置通信回路有无异常；

（3）根据检查情况，由相关专业人员进行处理。

356　直流系统监控器故障

异常现象

监控后台机发出预告音响，报出"直流系统监控器故障""直流系统总告警"信息。

异常原因

（1）直流系统监控装置内部元件故障；

（2）直流系统监控装置电源消失；

（3）直流系统监控装置程序或通信出错。

处理建议

（1）检查直流系统监控装置电源及运行情况；

（2）检查直流系统监控装置通信回路有无异常；

（3）根据检查情况，由相关专业人员进行处理。

357　直流系统馈线接地告警

异常现象

（1）监控后台机发出预告音响，报出"直流系统馈线接地告警""直流系统绝缘故障"信息。

异常原因

（1）在二次回路上工作时，造成直流馈线接地；

（2）直流馈线电缆或其回路上元件因受潮、锈蚀、发热等原因绝缘下降；

（3）绝缘监测装置或直流监控装置故障误发信号。

处理建议

（1）测量直流母线正、负极对地电压是否正常（正常值正、负极压差不超过 40V）。

（2）瞬时断、合直流馈线屏各馈线支路电源空气开关，确定具体接地支路。断、合保护及控制电源前，须停用有关保护。

（3）检查在线直流绝缘监测装置、直流监控装置、通信回路是否正常。

（4）检查保护装置内部是否有接地。

（5）根据检查情况，由相关专业人员进行处理。

358　直流系统高频开关电源模块故障

异常现象

监控后台机发出预告音响，报出"直流系统模块故障""直流系统总告警"信息。

异常原因

（1）充电模块故障；

（2）交流输入电源异常或消失。

处理建议

（1）检查高频开关电源模块运行是否正常；

（2）检查高频开关电源模块交流输入电源及其二次回路；

（3）根据检查情况，由相关专业人员进行处理。

359　直流系统充电机一组输出电压过压

异常现象

监控后台机发出预告音响，报出直流系统"充电机一组输出电压过压""直流系统模块故障""直流系统总告警"信息。

异常原因

（1）充电模块故障；

（2）交流输入电源异常。

处理建议

（1）检查充电机输出电压及充电机运行情况；

（2）检查充电机充电输入电源电压是否正常；

（3）检查直流监控装置显示状态是否与实际一致；

（4）检查监控装置运行数据整定是否正确。

360　直流系统充电机一组输出电压欠压

异常现象

监控后台机发出预告音响，报出直流系统"充电机一组输出电压欠压""直流系统模块故障""直流系统总告警"信息。

异常原因

（1）充电模块故障；

（2）交流输入电源异常或消失。

处理建议

（1）检查充电机输出电压及充电机运行情况；

（2）检查充电机充电输入电源电压是否异常；

（3）检查直流监控装置显示状态是否与实际一致；

（4）检查监控装置运行数据整定是否正确。

361　直流系统总告警

异常现象

（1）监控后台机发出预告音响，报出"直流系统总告警"信息；

（2）各监控模块"告警"指示灯亮，液晶面板有告警信息。

异常原因

二次回路故障、直流系统接地、充电装置故障、蓄电池故障、交流电源电压异常或消失。

处理建议

（1）检查直流系统监控装置告警信息及运行情况；

（2）检查直流系统母线电压，若有异常须立即恢复母线电压；

（3）检查直流系统，包括充电装置、蓄电池等设备是否正常，检查直流系统有无接地，及交流电源是否正常。

362　直流系统母线电压异常

异常现象

（1）监控后台机发出预告音响，报出"直流系统母线电压异常""直流系统总告警"信息；

（2）直流监控装置显示直流母线电压数值过高或过低。

异常原因

（1）充电装置故障；

（2）交流电源电压异常或消失，蓄电池长期放电；

（3）直流负荷波动大或有落后电池。

处理建议

（1）检查直流母线电压、蓄电池是否正常，测量直流母线电压是否合格；
（2）检查充电装置、交流电源是否正常；
（3）检查直流负荷情况。

363 直流系统合母过压故障

异常现象

（1）监控后台机发出预告音响，报出"直流系统合母过压故障""直流系统母线电压异常""直流系统总告警"信息；
（2）直流监控系统显示合闸母线电压数值过高。

异常原因

（1）充电装置交流输入电源电压过高；
（2）直流监控装置内设置直流充电电压值过高。

处理建议

（1）检查控制、合闸母线电压是否正常，合闸母线调压装置运行是否正常；
（2）检查监控装置内直流充电电压值和合闸母线电压整定值设置是否正确；
（3）检查充电装置交流输入电源是否正常，测量直流母线电压是否合格。

364 直流系统合母欠压故障

异常现象

（1）监控后台机发出预告音响，报出"直流系统合母欠压故障""直流系统母线电压异常""直流系统总告警"信息；
（2）直流监控装置显示合闸母线电压数值过低。

异常原因

（1）充电装置故障或者无输出电压；
（2）交流电源电压过低或消失，蓄电池长期放电；
（3）直流负荷波动大；
（4）监控装置内直流充电电压值设置过低。

处理建议

（1）检查合闸及控制母线电压是否正常，合闸母线调压装置是否退出运行；
（2）检查充电装置是否故障，直流输出电压是否消失；
（3）检查充电装置交流输入电源是否正常；

（4）检查监控装置内直流充电电压值和合闸母线电压值设置是否正确；

（5）检查直流负荷、测量直流母线电压是否合格。

365　直流系统控母过压故障

异常现象

（1）监控后台机发出预告音响，报出"直流系统控母过压故障""直流系统母线电压异常""直流系统总告警"信息；

（2）直流监控装置显示控制母线电压数值过高。

异常原因

（1）充电装置输出直流电压、电源电压过高，或者交流输入电压过高；

（2）电压自动调整装置故障；

（3）监控装置内直流充电电压值设置过高。

处理建议

（1）检查控制母线电压是否正常；

（2）检查监控装置内直流充电电压值和控制母线电压整定值设置是否正确；

（3）检查充电装置交流输入电源是否正常；

（4）检查电压调整装置，测量直流母线电压是否合格。

366　直流系统控母欠压故障

异常现象

（1）监控后台机发出预告音响，报出"直流系统控母欠压故障""直流系统母线电压异常""直流系统总告警"信息；

（2）直流监控装置显示控制母线电压数值过低。

异常原因

（1）充电装置故障或无输出电压；

（2）交流电源电压过低或消失，蓄电池长期放电；

（3）直流负荷波动大、电压自动调整装置故障。

处理建议

（1）检查充电装置是否故障，若无输出电压，电池是否长期放电；

（2）检查充电装置交流输入电源是否正常；

（3）检查合闸母线、控制母线电压是否正常；

（4）检查监控装置内直流充电电压值和控制母线电压整定值设置是否正确；

（5）检查直流负荷及电压调整装置，测量直流母线电压是否合格。

367　直流系统电池巡检装置异常

异常现象

监控后台机发出预告音响，报出直流系统"电池巡检装置异常""直流系统总告警"信息。

异常原因

（1）电池巡检装置内部元件故障；
（2）电池巡检程序出错；
（3）电池巡检装置接线回路断线；
（4）通信出错。

处理建议

（1）检查电池巡检装置运行情况及接线；
（2）检查电池巡检装置通信回路是否正常；
（3）根据检查情况，由相关专业人员进行处理。

368　直流系统母线调压装置异常

异常现象

监控后台机发出预告音响，报出"直流系统母线调压装置异常""直流系统电压异常""直流系统总告警"信息。

异常原因

直流系统母线电压调压装置故障或电源消失。

处理建议

（1）检查直流控制电压是否正常，若发出直流控制母线失压，应立即将控制母线临时并接于合闸母线，恢复控制母线电压，暂时运行；
（2）检查直流系统母线电压调压装置电源及运行情况。

369　直流系统通信告警

异常现象

监控后台机发出预告音响，报出"直流系统通信告警""直流系统交流通信故障""直流系统模块通信故障""直流系统断路器监控通信故障""直流系统电池巡检通信故障""直流系统绝缘检测通信故障""直流系统直流监控通信故障""直流系统总告警"信息。

异常原因

（1）通信回路故障；

（2）直流系统各装置模块故障；

（3）直流系统各信号采集装置故障；

（4）监控装置本身故障。

处理建议

（1）检查直流系统设备，及直流监控装置运行是否正常；

（2）检查直流系统各通信回路通信接口、端子接触是否正常；

（3）检查直流系统监控装置下级各信号采集装置是否正常。

370　直流系统交流通信故障

异常现象

监控后台机发出预告音响，报出"直流系统交流通信故障""直流系统通信告警""直流系统总告警"信息。

异常原因

（1）通信回路故障；

（2）充电模块故障；

（3）直流系统交流采集装置故障。

处理建议

（1）检查直流监控装置运行是否正常；

（2）检查交流采集装置通信回路通信接口、端子接触是否正常；

（3）检查充电模块是否运行正常；

（4）根据检查情况由相关专业人员进行处理。

371　直流系统模块通信故障

异常现象

监控后台机发出预告音响，报出"直流系统模块通信故障""直流系统通信告警""直流系统总告警"信息。

异常原因

（1）充电模块通信回路故障；

（2）充电模块本身故障。

处理建议

（1）检查直流监控装置运行是否正常；

（2）检查充电模块，及通信回路是否正常；

（3）根据检查情况，由相关专业人员进行处理。

372　直流系统断路器监控通信故障

异常现象

监控后台机发出预告音响，报出"直流系统断路器监控通信故障""直流系统通信告警""直流系统总告警"信息。

异常原因

（1）断路器信号通信回路故障；
（2）断路器辅助、报警触点故障。

处理建议

（1）检查直流监控装置运行是否正常；
（2）检查直流系统屏柜断路器运行是否正常；
（3）检查直流系统屏柜各断路器信号回路、辅助报警触点是否正常；
（4）根据检查情况，由相关专业人员进行处理。

373　直流系统电池巡检通信故障

异常现象

监控后台机发出预告音响，报出"直流系统电池巡检通信故障""直流系统通信告警""直流系统总告警"信息。

异常原因

（1）通信回路故障；
（2）蓄电池巡检仪故障。

处理建议

（1）检查直流监控装置运行是否正常；
（2）检查蓄电池巡检仪及通信回路是否正常；
（3）检查蓄电池组单节电压是否正常；
（4）根据检查情况，由相关专业人员进行处理。

374　直流系统绝缘检测通信故障

异常现象

监控后台机发出预告音响，报出"直流系统绝缘检测通信故障""直流系统通信告警"

"直流系统总告警"信息。

异常原因

（1）通信回路故障；
（2）绝缘监测装置本身故障。

处理建议

（1）检查直流系统绝缘；
（2）检查直流监控装置运行是否正常；
（3）检查绝缘监测仪，及通信回路是否正常；
（4）根据检查情况，由相关专业人员进行处理。

375 直流系统直流监控通信故障

异常现象

监控后台机发出预告音响，报出"直流系统直流监控通信故障""直流系统通信告警"
"直流系统总告警"信息。

异常原因

（1）监控装置通信回路故障；
（2）监控装置本身故障。

处理建议

（1）检查直流监控装置运行是否正常；
（2）检查直流监控装置通信回路和通信程序是否正常；
（3）根据检查情况，由相关专业人员进行处理。

376 直流系统熔断器故障

异常现象

监控后台机发出预告音响，报出"直流系统熔断器故障""直流系统总告警"信息。

异常原因

（1）熔断器熔断或熔断器接触不良；
（2）熔断器报警触点故障；
（3）熔断器报警信号回路故障。

处理建议

（1）检查蓄电池正负极总熔断器是否熔断，如熔断器熔断，应立即查找熔断器熔断的原因，隔离故障后更换容量符合要求的熔断器；

（2）若故障信号时断时续，检查熔断器接触是否良好。

377　直流系统直流开关跳闸总告警

异常现象

监控后台机发出预告音响，报出"直流系统直流开关跳闸总告警""直流系统总告警"信息。

异常原因

（1）直流系统某馈线直流开关跳闸；

（2）空气开关报警信号回路故障。

处理建议

（1）检查直流馈线空气开关是否跳闸或接触不良；

（2）空气开关报警信号回路是否正常；

（3）检查直流系统监控装置运行是否正常。

378　直流系统一组单体电池差压

异常现象

监控后台机发出预告音响，报出直流系统"一组单体电池差压"信息。

异常原因

（1）单节蓄电池老化、有落后或损坏电池，使直流监控装置检测到一组蓄电池组单个电池电压差超过定值；

（2）蓄电池组存在长期过充、欠充现象。

处理建议

（1）检查蓄电池组充电电压是否正常，是否存在长期过充、欠充现象；

（2）检查一组蓄电池组单个电池电压是否正常；

（3）检查充电装置，及交流电源是否正常；

（4）检查直流监控装置运行是否正常。

379　直流系统充电机浮充

异常现象

（1）监控后台机发出预告音响，报出直流系统"充电机浮充"信息；

（2）直流监控装置显示充电机在浮充方式。

充电装置充电方式正常转换，浮充方式。

（1）检查直流监控装置显示状态是否与实际一致；
（2）检查监控装置均/浮充电压值设置是否正确；
（3）检查直流充电屏蓄电池组运行方式位置是否正确。

380　直流系统充电机均充

（1）监控后台机发出预告音响，报出直流系统"充电机均充"信息；
（2）直流监控装置显示充电机在均充方式。

充电装置充电方式正常转换，均充方式。

（1）检查直流监控装置显示状态是否与实际一致；
（2）检查监控装置均/浮充电压值设置是否正确；
（3）检查直流充电屏蓄电池组运行方式位置是否正确。

381　交流不间断电源 UPS（交流不间断电源）故障

（1）监控后台机发出预告音响，报出交流不间断电源"UPS 故障"信息；
（2）UPS 电源"故障"指示灯亮。

（1）UPS 装置交、直流电源故障；
（2）UPS 装置内部元件故障。

（1）检查 UPS 装置交、直流输入电源是否正常，交流输出电源是否正常；
（2）检查 UPS 装置内部是否故障；
（3）根据检查情况，由相关专业人员进行处理。

382　UPS 直流输入故障

异常现象

（1）监控后台机发出预告音响，报出交流不间断电源"UPS 直流输入故障"信息；
（2）UPS 电源"故障"指示灯亮。

异常原因

（1）UPS 装置电源插件故障；
（2）UPS 装置直流输入电源回路故障；
（3）UPS 装置直流输入电源熔断器熔断或直流屏 UPS 电源开关跳开。

处理建议

（1）检查 UPS 装置运行情况；
（2）检查 UPS 装置、直流屏 UPS 装置直流电源熔断器或空气开关；
（3）检查 UPS 装置直流输入电源回路；
（4）根据检查情况，由相关专业人员进行处理。

383　UPS 交流输入故障

异常现象

（1）监控后台机发出预告音响，报出交流不间断电源"UPS 交流输入故障"信息；
（2）UPS 电源"故障"指示灯亮。

异常原因

（1）UPS 装置电源插件故障；
（2）UPS 装置交流输入电源回路故障；
（3）UPS 装置交流输入电源熔断器熔断或交流屏 UPS 电源开关跳闸。

处理建议

（1）检查 UPS 装置运行情况；
（2）检查 UPS 装置、交流屏 UPS 装置交流电源熔断器或空气开关；
（3）检查 UPS 装置交流输入电源回路；
（4）根据检查情况，由相关专业人员进行处理。

384　UPS 交流输出故障

异常现象

（1）监控后台机发出预告音响，报出交流不间断电源"UPS 交流输出故障"信息；

（2）UPS 电源"故障"指示灯亮。

（1）交流或直流输入电源异常；
（2）UPS 装置交流输出回路故障；
（3）UPS 装置逆变模块或旁路转换开关同时故障。

（1）检查 UPS 装置运行情况；
（2）检查 UPS 装置交流或直流输入电源回路；
（3）根据检查情况，由相关专业人员进行处理。

385　UPS 逆变模块故障

监控后台机发出预告音响，报出交流不间断电源"UPS 逆变模块故障""UPS 交流输出故障"信息。

UPS 装置逆变元件及其连线回路故障。

（1）检查 UPS 装置运行情况；
（2）检查 UPS 装置交流输出回路；
（3）根据检查情况，由相关专业人员进行处理。

386　UPS 直流供电

监控后台机发出预告音响，报出交流不间断电源"UPS 直流供电""UPS 交流输入故障"信息。

（1）UPS 装置交流输入电源回路故障；
（2）站用电消失。

（1）检查 UPS 装置交流输入电源及其回路；
（2）站用电消失时，恢复站用电；

（3）根据检查情况，由相关专业人员进行处理。

387　电容器 TA 断线告警

异常现象

（1）监控后台机发出预告音响，报出电容器"TA 断线告警"、电容器保护装置"装置告警"信息；

（2）电容器保护装置"告警"指示灯亮。

异常原因

（1）电流互感器本体故障；

（2）电流互感器二次回路断线（含端子松动、接触不良）或短路。

处理建议

（1）检查电容器保护装置告警信息及运行情况，密切留意后续的预告或动作信号，如有异常象征，迅速撤离现场检查人员；

（2）退出可能误动的保护和自动装置，查找故障时应采取安全措施，防止高压伤人；

（3）检查故障电流互感器是否有异常、异声、异味，及电流互感器二次电流回路有无烧蚀；

（4）确有上述情况，应将电流互感器退出运行。

388　电容器母线 TV 断线告警

异常现象

（1）监控后台机发出预告音响，报出电容器"母线 TV 断线告警"、电容器保护装置"装置告警"信息；

（2）电容器保护装置"告警"指示灯亮。

异常原因

（1）母线电压互感器本体故障；

（2）母线电压互感器熔断器熔断或空气开关跳闸，电压互感器二次回路断线（含端子松动、接触不良）或短路。

处理建议

（1）检查保护装置告警信息及运行情况，密切留意后续的预告或动作信号，如有异常象征，迅速撤离现场检查人员；

（2）退出可能误动的保护和自动装置；

（3）检查母线电压互感器的熔断器是否熔断或空气开关是否跳闸；

（4）如母线电压互感器本体故障，隔离故障点后将电压互感器二次并列运行。

389   电容器保护启动

异常现象

监控后台机发出预告音响，报出电容器"保护启动"信息。

异常原因

电容器组及其断路器间隔设备故障，使电容器保护装置检测到电流突变。

处理建议

（1）检查保护装置告警信息及运行情况；
（2）检查电容器组及其断路器间隔设备有无异常。

390   电容器保护装置压板模式未确认

异常现象

监控后台机发出预告音响，报出电容器保护装置"压板模式未确认""装置告警"信息。

异常原因

电容器保护装置没有设置软压板模式。

处理建议

（1）检查保护装置告警信息及运行情况；
（2）根据检查情况，由相关专业人员进行处理。

391   电容器保护装置软压板自检错

异常现象

监控后台机发出预告音响，报出电容器保护装置"软压板自检错""装置告警"信息。

异常原因

（1）电容器保护装置软压板位置与保护定值设置不同；
（2）自检或检验程序出错；
（3）CPU（中央处理器）损坏。

处理建议

（1）检查保护装置告警信息及运行情况；
（2）根据检查情况，由相关专业人员进行处理。

392　电容器保护装置内部通信出错

异常现象

监控后台机发出预告音响，报出电容器保护装置"内部通信出错""装置告警"信息。

异常原因

电容器保护装置内部 CPU、管理板、采样板、开入（开出）模块之间通信异常。

处理建议

（1）检查保护装置告警信息及运行情况；
（2）根据检查情况，由相关专业人员进行处理。

393　电容器保护装置模拟量采集错

异常现象

监控后台机发出预告音响，报出电容器保护装置"模拟量采集错""装置告警"信息。

异常原因

（1）模拟量输入/输出回路异常；
（2）数据采集系统各元件（A/D 模数转换器、采样保持器、转换断路器）故障。

处理建议

（1）检查保护装置告警信息及运行情况；
（2）根据检查情况，由相关专业人员进行处理。

394　电容器保护装置开入异常

异常现象

监控后台机发出预告音响，报出电容器保护装置"开入异常""装置告警"信息。

异常原因

（1）隔离开关位置变化与实际不符；
（2）断路器常开与常闭触点不对应；
（3）开入检测不响应或开入回路元件损坏；
（4）有开入变位未复归或确认。

处理建议

（1）检查保护装置告警信息及运行情况；

(2) 检查开入量状态与现场设备状态是否相符，如一致，复归信号或确认。

395 电容器保护装置开出异常

异常现象

监控后台机发出预告音响，报出电容器保护装置"开出异常""装置告警"信息。

异常原因

(1) 开出回路元件损坏；
(2) 开出检测不响应；
(3) 有开出变位未复归或确认。

处理建议

(1) 检查保护装置告警信息及运行情况；
(2) 检查开出量状态与现场设备状态是否相符，如一致，复归信号或确认。

396 电容器保护装置跳合出口异常

异常现象

监控后台机发出预告音响，报出电容器保护装置"跳合出口异常""装置告警"信息。

异常原因

(1) 开出回路元件损坏；
(2) 开出检测不响应；
(3) 有开出变位未复归或确认。

处理建议

(1) 检查保护装置告警信息及运行情况；
(2) 检查开出量状态与现场设备状态是否相符，如一致，复归信号或确认。

397 电容器保护装置光耦电源异常

异常现象

监控后台机发出预告音响，报出电容器保护装置"光耦电源异常""装置告警"信息。

异常原因

(1) 保护电源插件损坏；
(2) 光隔电源回路故障。

（1）检查保护装置告警信息及运行情况；

（2）检查保护电源及光隔电源是否正常；

（3）根据检查情况，由相关专业人员进行处理。

398　电容器保护装置定值自检错

异 常 现 象

监控后台机发出预告音响，报出电容器保护装置"定值自检错""装置告警"信息。

异 常 原 因

（1）保护装置所选定值校验码错或定值指针错；

（2）EEPROM（电可擦可编辑只读存储器）芯片及其连接回路故障。

处 理 建 议

（1）检查保护装置告警信息及运行情况；

（2）根据检查情况，由相关专业人员进行处理。

399　电容器保护装置定值区号错

异 常 现 象

监控后台机发出预告音响，报出电容器保护装置"定值区号错""装置告警"信息。

异 常 原 因

（1）所选定值区错或定值指针错；

（2）EEPROM 芯片及其连接回路故障。

处 理 建 议

（1）检查保护装置告警信息及运行情况；

（2）根据检查情况，由相关专业人员进行处理。

400　电容器保护装置告警

异 常 现 象

（1）监控后台机发出预告音响，报出"电容器保护装置告警""TV 断线告警""TA 断线告警""控制回路断线"信息；

（2）保护装置"告警"指示灯亮。

（1）电压互感器或电流互感器二次回路断线（含端子松动、接触不良）、短路；

（2）跳、合闸继电器故障；

（3）保护程序出错，自检、巡检异常；

（4）保护内部元件故障；

（5）电容器保护装置电源消失或二次回路短路接地。

处理建议

（1）检查保护装置各种灯光指示是否正常；

（2）检查保护装置报文；

（3）检查保护装置、电压互感器、电流互感器的二次回路有无明显异常；

（4）根据检查情况，由相关专业人员进行处理。

401　电容器组断路器控制回路断线

异常现象

（1）监控后台机发出预告音响，报出电容器组断路器"控制回路断线""控制电源回路故障""弹簧未储能"信息；

（2）电容器组保护装置断路器"位置"指示灯不亮，保护装置"告警"指示灯亮。

异常原因

（1）控制回路空气开关跳闸；

（2）控制回路断线（含端子松动、接触不良）或短路；

（3）弹簧机构弹簧未储能；

（4）断路器机构"远方/就地"切换开关损坏或在"就地"位置。

处理建议

（1）检查电容器保护装置或公共测控装置告警信息及运行情况，密切留意后续预告或动作信号，如有异常象征，令检查人员迅速撤离现场；

（2）检查控制回路空气开关、跳合闸线圈、端子接线、辅助开关等是否接触良好；

（3）检查弹簧机构；

（4）检查断路器机构"远方/就地"切换开关及断路器位置指示灯。

402　电抗器保护装置轻瓦斯告警

异常现象

（1）监控后台机发出预告音响，报出电抗器保护装置"轻瓦斯告警""装置告警"信息；

（2）保护装置"告警"指示灯亮。

电抗器内部故障，产生轻微瓦斯。

（1）检查保护装置动作信息及运行情况；
（2）检查电抗器油位油色、气体继电器及其二次回路；
（3）上述检查无误后，平缓打开放气阀逐渐放气。

403　电抗器油位低告警

（1）监控后台机发出预告音响，报出电抗器保护装置"油位低告警""装置告警"信息；
（2）保护装置"告警"指示灯亮。

（1）电抗器油箱油面下降；
（2）电抗器油箱油位计损坏。

（1）检查电抗器油箱油面位置及油位计及检查电抗器各部位是否有渗漏点；
（2）上述检查无误后，及时补油。补油时，应将重瓦斯保护压板改投信号方式。

404　电抗器过负荷告警

（1）监控后台机发出预告音响，报出电抗器"过负荷告警"电抗器保护装置"装置告警"信息；
（2）保护装置"告警"指示灯亮。

电抗器负荷增大，达到过负荷整定值。

（1）检查保护装置告警信息及运行情况；
（2）密切监视电抗器负荷、油温、油位情况；
（3）进行设备特巡和红外测温。

405 电抗器保护装置零序过压告警

异常现象

（1）监控后台机发出预告音响，报出电抗器保护装置"零序过压告警""装置告警"信息；

（2）保护装置"告警"指示灯亮，母线三相电压不平衡，$3U_0$ 电压升高。

异常原因

（1）电抗器所联接母线有单相接地；

（2）电抗器本体及其断路器间隔设备有单相接地。

处理建议

（1）检查保护装置告警信息及运行情况；

（2）检查母线电压是否正常；

（3）检查电抗器本体及其断路器间隔设备有无异常。

406 电抗器母线 TV 断线告警

异常现象

（1）监控后台机发出预告音响，报出电抗器保护装置"母线 TV 断线告警""装置告警"信息；

（2）保护装置"告警"指示灯亮。

异常原因

（1）母线电压互感器本体故障；

（2）母线电压互感器熔断器熔断或空气开关跳闸，电压互感器二次回路断线（含端子松动、接触不良）或短路。

处理建议

（1）检查保护装置告警信息及运行情况，密切留意后续的预告或动作信号，如有异常象征，迅速撤离现场检查人员；

（2）退出可能误动的保护和自动装置；

（3）检查母线电压互感器的熔断器是否熔断或空气开关是否跳闸；

（4）如母线电压互感器本体故障，隔离故障点后将电压互感器二次并列运行。

407 电抗器断路器控制回路断线

异常现象

（1）监控后台机发出预告音响，报出电抗器断路器"控制回路断线""控制电源回路故

障""弹簧未储能"信息;

（2）保护装置断路器"位置"指示灯不亮,"告警"指示灯亮。

异常原因

（1）控制回路空气开关跳闸;

（2）控制回路断线（含端子松动、接触不良）或短路;

（3）弹簧机构弹簧未储能;

（4）断路器机构"远方/就地"切换开关损坏或被置于"就地"位置。

处理建议

（1）检查电抗器保护装置及公共测控装置告警信息及运行情况,密切留意后续预告或动作信号,如有异常象征,令检查人员迅速撤离现场;

（2）检查控制回路空气开关、跳合闸线圈、端子接线、辅助开关等是否接触良好;

（3）检查弹簧机构;

（4）检查断路器"远方/就地"切换开关。

408 电抗器保护装置 TA 断线告警

异常现象

（1）监控后台机发出预告音响,报出电抗器保护装置"TA 断线告警""装置告警"信息;

（2）保护装置"告警"指示灯亮。

异常原因

（1）电流互感器本体故障;

（2）电流互感器二次回路断线（含端子松动、接触不良）或短路。

处理建议

（1）检查保护装置告警信息及运行情况,密切留意后续的预告及动作信号,如有异常象征,迅速撤离现场检查人员;

（2）退出可能误动的保护和自动装置。查找故障时应采取安全措施,防止高压伤人;

（3）检查故障电流互感器是否有异常、异声、异味,及电流互感器二次电流回路有无烧蚀;

（4）确有上述情况,应将电流互感器退出运行。

409 电抗器保护装置差流越限告警

异常现象

监控后台机发出预告音响,报出电抗器保护装置"差流越限告警""TA 断线告警"

"装置告警"信息。

异常原因

电流互感器二次回路断线（含端子松动、接触不良）或短路。

处理建议

记录动作时间、电抗器保护装置告警信息，差流数值，检查差动电流二次接线。

410　电抗器断路器弹簧未储能

异常现象

（1）监控后台机发出预告音响，报出电抗器断路器"弹簧未储能""控制回路断线"电抗器保护装置"装置告警"信息；
（2）电抗器保护装置"告警"指示灯亮。

异常原因

（1）储能电源断线或熔断器熔断；
（2）弹簧储能机械故障；
（3）弹簧储能电机控制回路断线。

处理建议

（1）检查储能电源空气开关或熔断器；
（2）检查弹簧储能电机控制回路；
（3）检查储能弹簧是否正常。

411　母线保护装置电压闭锁开放

异常现象

（1）监控后台机发出预告音响，报出母线保护装置"电压闭锁开放""TV断线告警""故障录波器动作"信息；
（2）母线保护装置"告警"指示灯亮。

异常原因

（1）电压互感器回路有断线、短路等故障；
（2）系统有故障。

处理建议

（1）检查母线保护装置告警信息及运行情况；
（2）检查电压互感器二次电压回路。

412　母线保护装置母线电压 TV 断线告警

异常现象

（1）监控后台机发出预告音响，报出母线保护装置"母线 TV 断线告警""电压闭锁开放""装置告警"信息；

（2）母线保护装置"告警"指示灯亮。

异常原因

（1）母线电压互感器本体故障；

（2）母线电压互感器熔断器熔断或空气开关跳闸，电压互感器二次回路断线（含端子松动、接触不良）或短路；

（3）母线电压切换回路或电压并列回路故障。

处理建议

（1）检查保护装置告警信息及运行情况，密切留意后续的预告或动作信号，如有异常象征，迅速撤离现场检查人员；

（2）退出可能误动的保护和自动装置；

（3）检查母线电压互感器的熔断器是否熔断或空气开关是否跳闸；

（4）如母线电压互感器本体故障，隔离故障点后将电压互感器二次并列运行。

413　母线保护装置 TA 断线告警

异常现象

（1）监控后台机发出预告音响，报出母线保护装置"TA 断线告警""装置告警"信息；

（2）保护装置"告警"指示灯亮。

异常原因

（1）母线保护装置任一支路电流互感器本体故障，闭锁母差保护；

（2）母线保护装置任一支路电流互感器二次回路断线（含端子松动、接触不良）或短路，闭锁母差保护。

处理建议

（1）检查母线保护装置告警信息及运行情况，密切留意后续的预告或动作信号，如有异常象征，迅速撤离现场检查人员；

（2）退出可能误动的保护及自动装置，查找故障时应采取安全措施，防止高压伤人；

（3）检查故障电流互感器是否有异常、异声、异味，及电流互感器二次电流回路有无烧蚀；

（4）确有上述情况，应将电流互感器退出运行。

414　母线保护装置内部通信出错

监控后台机发出预告音响，报出母线保护装置"内部通信出错""装置告警"信息。

母线保护装置管理板与保护板之间通信电缆未接好或 CPU 插件故障。

（1）检查母线保护装置动作信息及运行情况；
（2）根据检查情况，由相关专业人员进行处理。

415　母线保护装置面板通信出错

监控后台机发出预告音响，报出母线保护装置"面板通信出错""装置告警"信息。

母线保护装置内部面板与保护板之间通信电缆未接好或 CPU 插件故障。

（1）检查母线保护装置告警信息及运行情况；
（2）根据检查情况，由相关专业人员进行处理。

416　母线保护装置母联 TWJ（跳闸位置继电器）告警

监控后台机发出预告音响，报出母线保护装置"母联 TWJ（跳闸位置继电器）告警""装置告警"信息。

母联 TWJ（跳闸位置继电器）继电器接点粘死或断路器辅助触点坏，母线保护装置检测到有母联 TWJ（跳闸位置继电器）开入，且任意相有电流，不闭锁保护。

（1）检查母线保护装置告警信息及运行情况；
（2）检查母联断路器位置；

（3）根据检查情况，由相关专业人员进行处理。

417　母线保护装置刀闸位置告警

异常现象

监控后台机发出预告音响，报出母线保护装置"刀闸位置告警""装置告警"信息。

异常原因

（1）隔离开关位置双跨；
（2）隔离开关变位与实际不符。

处理建议

（1）检查母线保护装置隔离开关位置与现场是否一致，有出入时按位置复归按钮进行确认，或在监控后台机、模拟盘上手动对位；
（2）检查隔离开关辅助触点或位置继电器。

418　母线保护装置互联状态

异常现象

监控后台机发出预告音响，报出母线保护装置"互联状态""装置告警"信息。

异常原因

（1）母线保护装置任意支路Ⅰ、Ⅱ母隔离开关双跨；
（2）手动投入母线保护装置互联压板；
（3）母联电流互感器断线（含端子松动、接触不良）。

处理建议

（1）若由于倒母线操作或互联硬压板投入引起，则复归信号；
（2）若此时无倒闸操作，首先核对监控后台机或模拟盘上隔离开关位置与现场是否一致，有出入时手动对位；
（3）检查母线侧隔离开关触点是否松动、损坏或回路断线；
（4）检查母联电流互感器有无异常声响，是否有开路现象。

419　母线保护装置长期启动

异常现象

（1）监控后台机发出预告声响，报出母线保护装置"装置长期启动"或"复压闭锁长时间动作告警""装置告警"信息；
（2）母线保护装置"告警"指示灯亮。

（1）负荷连续频繁突变，使母线保护装置启动元件动作，经固定延时发信，不闭锁母差及母联保护，闭锁失灵保护；

（2）保护装置启动元件频繁动作，经固定延时发信，不闭锁母差保护和母联保护，闭锁失灵保护；

（3）主变压器失灵解除复压闭锁长期开入。

处理建议

（1）检查母线保护装置告警信息及运行情况；

（2）检查母线及所属间隔设备有无异常。

420 母线保护装置程序出错

异常现象

监控后台机发出预告声响，报出母线保护装置"程序出错""装置告警"信息。

异常原因

母线保护装置 Flash（闪速存储器）芯片内部被破坏或故障，闭锁装置。

处理建议

（1）检查保护装置告警信息及运行情况；

（2）确认信号不能复归时应立即退出母线保护装置；

（3）根据检查情况，由相关专业人员进行处理。

421 母线保护装置定值出错

异常现象

监控后台机发出预告音响，报出母线保护装置"定值出错""装置告警"信息。

异常原因

母线保护装置定值区内部被破坏或 EEPROM（电可擦可编程只读存储器）芯片故障，闭锁保护装置。

处理建议

（1）检查保护装置告警信息及运行情况；

（2）确认信号不能复归时应立即退出保护装置；

（3）根据检查情况，由相关专业人员进行处理。

422　母线保护装置 DSP（数字信号处理器）出错

异常现象

监控后台机发出预告音响，报出母线保护装置"DSP 出错""装置告警"信息。

异常原因

（1）DSP 芯片定值区求和校验出错，闭锁保护装置；

（2）DSP 芯片自检出错，闭锁保护装置；

（3）保护装置 DSP 芯片故障，闭锁保护装置。

处理建议

（1）检查保护装置告警信息及运行情况；

（2）确认信号不能复归时应立即退出保护装置；

（3）检查检查情况，由相关专业人员进行处理。

423　母线保护装置采样校验出错

异常现象

监控后台机发出预告音响，报出母线保护装置"采样校验出错""装置告警"信息。

异常原因

母线保护装置检测到模拟量和开入量采样不一致，闭锁保护装置。

处理建议

（1）检查保护装置告警信息及运行情况；

（2）确认信号不能复归时，立即退出保护装置；

（3）根据检查情况，由相关专业人员进行处理。

424　母线保护装置该区定值无效

异常现象

监控后台机发出预告音响，报出母线保护装置"该区定值无效""装置告警"信息。

异常原因

保护装置定值区号或系统参数整定后，母差保护和失灵保护定值未重新整定，使母线保护装置检测到当前保护定值区出错，闭锁保护装置。

处理建议

（1）检查保护装置告警信息及运行情况；

（2）确认信号不能复归时立即退出保护装置；

（3）根据检查情况，由相关专业人员进行处理。

425 母线保护装置跳闸出口告警

异常现象

监控后台机发出预告音响，报出母线保护装置"跳闸出口告警""装置告警""装置闭锁"信息。

异常原因

（1）跳闸出口继电器及二次回路故障，闭锁保护装置；

（2）出口三极管损坏，闭锁保护装置。

处理建议

（1）检查保护装置告警信息及运行情况；

（2）确认信号不能复归时立即退出保护装置；

（3）根据检查情况，由相关专业人员进行处理。

426 母线保护装置外部启动母联失灵开入异常

异常现象

监控后台机发出预告音响，报出母线保护装置"外部启动母联失灵开入异常""装置告警"信息。

异常原因

外部启动母联失灵触点经固定延时不返回，同时退出该启动功能。

处理建议

（1）检查保护装置告警信息及运行情况；

（2）根据检查情况，由相关专业人员进行处理。

427 母线保护装置外部闭锁母差开入异常

异常现象

监控后台机发出预告音响，报出母线保护装置"外部闭锁母差开入异常""装置告警"信息。

异常原因

外部闭锁母差触点经固定短延时不返回，同时解除对母差保护的闭锁，使母线保护装置检测到外部闭锁母差开入触点异常，退出该闭锁功能。

(1) 检查保护装置告警信息及运行情况;

(2) 根据检查情况,由相关专业人员进行处理。

428 母线保护装置开入变位

异常现象

监控后台机发出预告音响,报出母线保护装置"开入变位""装置告警""刀闸位置告警""母联断路器变位"信息。

异常原因

隔离开关变位、功能压板变位、母联断路器位置变化,失灵触点变位,使母线保护装置检测到有任一开入量变位。

处理建议

(1) 检查母线保护装置、线路及主变压器保护装置告警信息及运行情况;

(2) 检查开入量状态与现场设备状态是否相符,如一致,复归信号。

429 母线保护装置开入异常

异常现象

监控后台机发出预告声响,报出母线保护装置"开入异常""装置告警"信息。

异常原因

(1) 隔离开关位置变位与实际不符;

(2) 失灵触点长期启动;

(3) 母联断路器常开与常闭触点不对应;

(4) "母线分列运行"压板投入与实际运行状态不对应;

(5) 开入检测不响应或开入回路元件损坏;

(6) 有开入变位未复归或确认。

处理建议

(1) 检查母线保护装置、线路及主变压器保护装置动作信息及运行情况;

(2) 检查开入量状态与现场设备状态是否相符,如一致,复归信号或退出误投压板。

430 母差保护装置异常

异常现象

(1) 监控后台机发出预告声响,报出"母差保护装置异常""TV断线告警""TA异常""TA断线告警""刀闸位置告警""互联状态""面板通信出错""母联TWJ告警""装置长期启动""内部通信出错""光耦失电""电压闭锁开放"信息;

（2）保护装置"告警"指示灯亮。

异常原因

（1）电压互感器或电流互感器二次回路断线（含端子松动、接触不良）、短路;

（2）隔离开关开入变位;

（3）母线互联;

（4）保护自检、巡检异常;

（5）母联断路器保护作为临时保护时，所带线路发出故障;

（6）母联断路器受令跳闸时，因机构本体原因，造成一相或两相运行。

处理建议

（1）检查母差保护装置各种灯光指示是否正常;

（2）检查保护装置报文;

（3）检查母线所属设备母线侧隔离开关位置及其辅助触点、位置继电器切换情况;

（4）检查保护装置、电压互感器、电流互感器的二次回路有无明显异常;

（5）根据检查情况，由相关专业人员进行处理。

431   母差保护装置闭锁

异常现象

（1）监控后台机发出预告音响，报出"母差保护装置闭锁""存储器出错""程序出错""定值出错""DSP出错""跳闸出口告警""采样校验出错""该区定值无效"信息;

（2）母差保护装置"告警"指示灯亮。

异常原因

母差保护自检、巡检异常。

处理建议

（1）检查母线保护装置和公共测控装置告警信息及运行情况;

（2）检查母差保护装置各种灯光指示是否正常;

（3）根据检查情况，由相关专业人员进行处理。

432   母差保护装置失电

异常现象

（1）监控后台机发出预告音响，报出"母差保护装置失电""母差保护装置通信中断"信息;

（2）母差保护装置液晶面板无显示，"运行"指示灯不亮。

异常原因

（1）母差保护装置电源消失、空气开关跳闸或电源插件损坏；
（2）保护装置电源回路断线或短路。

处理建议

（1）检查母差保护装置运行情况、公共测控装置告警信息；
（2）检查母差保护装置电源空气开关是否跳闸；
（3）检查母差保护装置电源回路及插件有无明显异常；
（4）根据检查情况，由相关专业人员进行处理。

433 母联测控装置失电

异常现象

（1）监控后台机发出预告音响，报出"母联测控装置失电""母联测控装置通信中断"信息；
（2）母联测控装置液晶面板无显示、"运行"指示灯不亮。

异常原因

（1）母联测控装置电源消失、空气开关跳闸或电源插件损坏；
（2）母联测控装置电源回路断线或短路。

处理建议

（1）检查母联测控装置运行情况、公共测控装置告警信息；
（2）检查母联测控装置电源空气开关是否跳闸；
（3）检查母联测控装置电源回路及插件有无明显异常；
（4）根据检查情况，由相关专业人员进行处理。

434 分段保护装置 TA 断线告警

异常现象

（1）监控后台机发出预告音响，报出分段保护装置"TA 断线告警""装置告警"信息；
（2）分段保护装置"告警"指示灯亮。

异常原因

（1）分段电流互感器本体故障；
（2）分段电流互感器二次回路断线（含端子松动、接触不良）或短路。

处理建议

（1）检查分段保护装置告警信息及运行情况；密切留意后续的预告或动作信号，如有异常象征，迅速撤离现场检查人员；

（2）退出可能误动的保护和自动装置，查找故障时应采取安全措施，防止高压伤人；

（3）检查故障电流互感器是否有异常、异声、异味，及电流互感器二次电流回路有无烧蚀；

（4）确有上述情况，应将电流互感器退出运行。

435　分段保护装置母线 TV 断线告警

异常现象

（1）监控后台机发出预告音响，报出分段保护装置"母线 TV 断线告警""装置告警"信息；

（2）分段保护装置"告警"指示灯亮。

异常原因

（1）母线电压互感器本体故障；

（2）母线电压互感器熔断器熔断或空气开关跳闸，电压互感器二次回路断线（含端子松动、接触不良）或短路；

（3）母线电压切换回路或电压并列回路故障。

处理建议

（1）检查保护装置告警信息及运行情况，密切留意后续的预告或动作信号，如有异常象征，迅速撤离现场检查人员；

（2）退出可能误动的保护和自动装置；

（3）检查母线电压互感器的熔断器是否熔断或空气开关是否跳闸；

（4）如母线电压互感器本体故障，隔离故障点后将电压互感器二次并列运行。

436　分段断路器过负荷告警

异常现象

（1）监控后台机发出预告音响，报出分段断路器"过负荷告警"、分段保护装置"装置告警"信息；

（2）分段保护装置"告警"指示灯亮。

异常原因

线路负荷增大，分段断路器电流达到过负荷整定值。

（1）检查分段保护装置告警信息及运行情况；

（2）密切监视线路负荷情况，及时转移负荷；

（3）检查分段断路器间隔设备有无异常，进行特巡和红外测温。

437　分段保护装置保护启动

异 常 现 象

监控后台机发出预告音响，报出分段保护装置"保护启动"信息。

异 常 原 因

（1）负荷突变，使分段保护装置检测到电流突变；

（2）母线及所连接设备发生故障，使分段保护装置检测到电流突变。

处 理 建 议

（1）检查保护装置告警信息及运行情况；

（2）根据检查情况，由相关专业人员进行处理。

438　分段保护装置模拟量采集错

异 常 现 象

监控后台机发出预告音响，报出分段保护装置"模拟量采集错""装置告警"信息。

异 常 原 因

（1）模拟量输入/输出回路异常；

（2）数据采集系统各元件（A/D 模数转换器、采样保持器、转换断路器）故障。

处 理 建 议

（1）检查保护装置告警信息及运行情况；

（2）根据检查情况，由相关专业人员进行处理。

439　分段保护装置开入异常

异 常 现 象

监控后台机发出预告音响，报出分段保护装置"开入异常""装置告警"信息。

异 常 原 因

（1）隔离开关位置变位与实际不符；

(2) 分段断路器常开与常闭触点不对应；

(3) 开入检测不响应或开入回路元件损坏；

(4) 有开入变位未复归或确认。

处理建议

(1) 检查保护装置告警信息及运行情况；

(2) 检查开入量状态与现场设备状态是否相符，如一致，复归信号或确认。

440　分段保护装置开出异常

异常现象

监控后台机发出预告音响，报出分段保护装置"开出异常""装置告警"信息。

异常原因

(1) 开出回路元件损坏；

(2) 开出检测不响应；

(3) 有开出变位未复归或确认。

处理建议

(1) 检查保护装置告警信息及运行情况；

(2) 检查开出量状态与现场设备状态是否相符，如一致，复归信号或确认。

441　分段保护装置零序过压告警

异常现象

(1) 监控后台机发出预告音响，报出分段保护装置"零序过压告警""装置告警"信息；

(2) 分段保护装置"告警"指示灯亮，母线三相电压不平衡，$3U_0$电压升高。

异常原因

系统发生单相接地。

处理建议

(1) 检查保护装置告警信息及运行情况；

(2) 检查母线电压是否正常；

(3) 检查本站断路器间隔设备有无异常。

442　分段保护装置告警

异常现象

(1) 监控后台机发出预告音响，报出"分段保护装置告警""TV 断线告警""TA 断线

告警""控制回路断线""零序过压""过负荷告警"信息;

(2) 保护装置"告警"指示灯亮。

异常原因

(1) 电压互感器或电流互感器二次回路断线(含端子松动、接触不良)、短路;

(2) 跳、合位继电器故障;

(3) 保护程序出错,自检、巡检异常;

(4) 保护内部元件故障;

(5) 分段保护装置电源消失或二次回路短路接地。

处理建议

(1) 检查分段保护装置各种灯光指示是否正常;

(2) 检查保护装置报文;

(3) 检查保护装置、电压互感器、电流互感器的二次回路有无明显异常;

(4) 根据检查情况,由相关专业人员进行处理。

443 分段断路器控制回路断线

异常现象

(1) 监控后台机发出预告音响,报出分段断路器"控制回路断线""控制电源回路故障""弹簧未储能""SF$_6$异常闭锁"信息;

(2) 分段断路器"位置"指示灯不亮,分段保护装置"告警"指示灯亮。

异常原因

(1) 分段断路器控制回路空气开关跳闸;

(2) 分段断路器控制回路断线(含端子松动、接触不良)或短路;

(3) 弹簧机构弹簧未储能或断路器机构压力降至闭锁值,或者SF$_6$气体压力降至闭锁值;

(4) 断路器机构远方/就地切换开关损坏。

处理建议

(1) 检查分段保护装置或公共测控装置告警信息及运行情况,密切留意后续预告或动作信息,如有异常象征,令检查人员迅速撤离现场;

(2) 检查分段断路器控制回路空气开关、跳合闸线圈、端子接线、辅助开关等是否接触良好;

(3) 检查弹簧机构、断路器机构和SF$_6$的压力值;

(4) 检查断路器机构远方/就地切换开关。

444 分段断路器弹簧未储能

异常现象

(1) 监控后台机发出预告音响,报出分段断路器"弹簧未储能""控制回路断线""装

置告警"信息;

(2) 保护装置"告警"指示灯亮。

异常原因

(1) 储能电源断线或熔断器熔断;

(2) 储能弹簧机械故障;

(3) 弹簧储能电机控制回路断线。

处理建议

(1) 检查储能电源空气开关或熔断器;

(2) 检查弹簧储能电机控制回路;

(3) 检查储能弹簧是否正常。

445 低频减载装置告警

异常现象

(1) 监控后台机发出预告音响,报出"低频减载装置告警""TV 断线告警""TA 断线告警"信息;

(2) 低频减载装置"告警"指示灯亮。

异常原因

(1) 电压互感器回路断线;

(2) 电流互感器回路断线。

处理建议

(1) 检查低频减载装置告警信息及运行情况;

(2) 检查本站断路器间隔电流、电压互感器设备有无异常;

(3) 查找故障时应采取安全措施,防止高压伤人;

(4) 检查后应将故障电流互感器退出运行,或者隔离故障点后将电压互感器二次并列运行。

446 低频减载装置故障

异常现象

(1) 监控后台机发出预告音响,报出"低频减载装置故障"信息;

(2) 低频减载装置"故障"指示灯亮。

异常原因

(1) 低频减载装置程序出错,自检异常;

（2）保护内部元件故障；

（3）保护装置电源消失。

处理建议

（1）检查低频减载装置告警信息及运行情况；

（2）检查保护装置各种灯光指示是否正常；

（3）检查低频减载装置直流电源及二次回路；

（4）根据检查情况，由相关专业人员进行处理。

447　稳控装置告警

异常现象

（1）监控后台机发出预告音响，报出"稳控装置告警""TV 断线告警""TA 断线告警"信息；

（2）稳控装置"告警"指示灯亮。

异常原因

（1）电压互感器回路断线；

（2）电流互感器回路断线。

处理建议

（1）检查稳控装置告警信息及运行情况；

（2）检查本站断路器间隔电流、电压互感器设备有无异常；

（3）查找故障时应采取安全措施，防止高压伤人；

（4）检查后应将故障电流互感器退出运行，或者隔离故障点后将电压互感器二次并列运行。

448　稳控装置故障

异常现象

（1）监控后台机发出预告声响，报出"稳控装置故障"信息；

（2）稳控装置"故障"指示灯亮。

异常原因

（1）保护程序出错，自检异常；

（2）保护内部元件故障；

（3）保护装置电源消失。

处理建议

（1）检查稳控装置告警信息及运行情况；

（2）检查保护装置各种灯光指示是否正常；

（3）检查稳控装置直流电源及二次回路；

（4）根据检查情况，由相关专业人员进行处理。

449　备用电源自投装置闭锁备自投告警

异常现象

（1）监控后台机发出预告音响，报出备用电源自投装置"闭锁备自投告警""装置告警"信息；

（2）备用电源自投装置"告警"指示灯亮。

异常原因

（1）手动分闸，使备用电源自投装置检测到闭锁备自投开入，备自投放电；

（2）主变压器保护动作闭锁；

（3）闭锁备自投压板投入；

（4）备自投投入/退出切换开关置退出位置；

（5）断路器位置与备投方式不一致，使备用电源自投装置检测到闭锁备自投信号，备自投放电；

（6）备自投动作时跳闸断路器拒动使备用电源自投装置检测到闭锁备自投信号，备自投放电；

（7）备自投装置内部故障。

处理建议

（1）检查备自投装置和主变压器保护装置告警信息及运行情况；

（2）检查进线 1、进线 2、桥断路器实际位置；

（3）检查备自投装置闭锁备自投压板和备自投投入/退出切换开关位置。

450　备用电源自投装置母线 TV 断线告警

异常现象

（1）监控后台机发出预告音响，报出备自投装置"母线 TV 断线告警""装置告警"信息；

（2）备自投装置"告警"指示灯亮。

异常原因

（1）母线电压互感器本体故障；

（2）母线电压互感器熔断器熔断或空气开关跳闸，电压互感器二次回路断线（含端子松动、接触不良）或短路；

（3）母线电压切换回路或电压并列回路故障。

（1）检查保护装置告警信息及运行情况；密切留意后续的预告或动作信号，如有异常象征，迅速撤离现场检查人员；

（2）退出可能误动的保护和自动装置；

（3）检查母线电压互感器的熔断器是否熔断或空气开关是否跳闸；

（4）如母线电压互感器本体故障，隔离故障点后将电压互感器二次并列运行。

451 备用电源自投装置线路 TV 断线告警

（1）监控后台机发出预告音响，报出备用电源自投装置"线路 TV 断线告警""装置告警"信息；

（2）备用电源自投装置"告警"指示灯亮。

（1）线路电压互感器本体故障；

（2）线路电压互感器熔断器熔断或空气开关跳闸，电压互感器二次回路断线（含端子松动、接触不良）或短路；

（3）线路电压切换回路故障。

（1）检查保护装置告警信息及运行情况，密切留意后续的预告或动作信号，如有异常象征，迅速撤离现场检查人员；

（2）退出可能误动的保护和自动装置；

（3）检查线路电压互感器的熔断器熔断或空气开关是否跳开；

（4）如线路电压互感器本体故障，联系所属调度，将该线路停电，由相关专业人员进行处理。

452 备用电源自投装置断路器拒动告警

（1）监控后台机发出预告音响，报出备用电源自投装置"断路器拒动告警""备自投跳进线 1""备自投跳进线 2""备自投合进线 1""备自投合进线 2""备自投合桥断路器""断路器变位"信息；

（2）备用电源自投装置"跳闸"指示灯、"合闸"指示灯亮。

备用电源自投装置动作发持续固定延时跳或合闸令后，进线 1（进线 2）断路器拒动仍在合位或分位，装置自动收回跳或合闸命令，终止备自投逻辑，备自投放电，使备自投装置检测到两段母线电压值达到无压告警值。

处理建议

(1) 检查备自投装置告警信息及运行情况；

(2) 检查进线 1、进线 2 断路器间隔设备有无异常；

(3) 根据检查情况，由相关专业人员进行处理。

453　桥（分段）断路器控制回路断线

异常现象

(1) 监控后台机发出预告音响，报出桥（分段）断路器"控制回路断线""控制电源回路故障""弹簧未储能""压力降低闭锁跳合闸""SF_6 异常闭锁"信息；

(2) 桥（分段）断路器"位置"指示灯不亮，备用电源自投装置"告警"指示灯亮。

异常原因

(1) 桥（分段）断路器控制回路空气开关跳闸；

(2) 桥（分段）断路器控制回路断线（含端子松动、接触不良）或短路；

(3) 弹簧机构弹簧未储能或断路器机构压力降至闭锁值，或者 SF_6 气体压力降至闭锁值；

(4) 断路器机构"远方/就地"切换开关损坏。

处理建议

(1) 检查备自投装置告警信息及运行情况；密切留意后续预告或动作信号，如有异常象征，令检查人员迅速撤离现场；

(2) 检查控制回路空气开关、跳合闸线圈、端子接线、辅助开关等是否接触良好；

(3) 检查弹簧机构、断路器机构和 SF_6 的压力值；

(4) 检查断路器机构"远方/就地"切换开关。

454　备自投装置告警

异常现象

(1) 监控后台机发出预告音响，报出"备自投装置告警""母线 TV 断线告警""线路 TV 断线告警""全站无压告警""控制回路断线""断路器拒动告警""闭锁备自投告警"信息；

(2) 备自投装置"告警"指示灯亮。

异常原因

(1) 母线或线路电压回路断线、空气开关跳闸；

(2) 断路器控制回路断线；

(3) 备自投装置有闭锁备自投信号开入；

（4）断路器发生拒动。

（1）检查备自投装置和主变压器保护装置告警信息及运行情况；
（2）检查进线 1、进线 2、桥断路器间隔设备有无异常；
（3）检查备自投装置闭锁备自投压板和备自投"投入/退出"切换开关位置；
（4）检查母线、进线电压互感器设备；
（5）根据检查情况，由相关专业人员进行处理。

455　备自投装置故障

异常现象

（1）监控后台机发出预告音响，报出"备自投装置故障"信息；
（2）备自投装置"故障"指示灯亮。

异常原因

（1）保护自检异常、程序出错；
（2）保护内部元件故障；
（3）保护装置电源消失。

处理建议

（1）检查备自投装置告警信息及运行情况；
（2）检查备自投装置各种灯光指示是否正常；
（3）检查备自投装置直流电源及其回路；
（4）根据检查情况，由相关专业人员进行处理。

456　故障录波器启动

异常现象

监控后台机发出预告音响，报出"故障录波器启动""保护动作""TA 断线告警""TV 断线告警""断路器变位"信息。

异常原因

（1）系统电压、负荷波动；
（2）系统故障；
（3）电流互感器二次电流回路开路；
（4）电压互感器二次电压回路短路、接地；
（5）手动启动故障录波器。

处理建议

（1）检查公共测控装置告警信息及运行情况，检查故障录波器的动作情况；
（2）检查电压负荷情况；
（3）检查电流互感器二次电流回路；
（4）检查电压互感器二次电压回路。

457　故障录波器失电告警

异常现象

（1）监控后台机发出预告音响，报出"故障录波器失电告警"信息；
（2）故障录波器液晶面板无显示，"运行"指示灯不亮。

异常原因

（1）故障录波器直流电源空气小开关断开；
（2）故障录波器交流电源空气开关断开；
（3）直流馈线屏上故障录波器电源空气开关断开；
（4）交、直流电源回路故障。

处理建议

（1）检查公共测控装置告警信息，故障录波器动作情况；
（2）检查故障录波器交、直流电源空气小开关、直流屏故障录波器电源空气开关；
（3）检查交、直流电源回路；
（4）根据检查情况，由相关专业人员进行处理。

458　故障录波器故障

异常现象

（1）监控后台机发出预告音响，报出"故障录波器故障"信息；
（2）故障录波器液晶面板无显示，"运行"指示灯不亮，"告警"指示灯亮。

异常原因

故障录波器内部元件故障。

处理建议

（1）检查公共测控装置告警信息、故障录波器动作情况；
（2）检查故障录波器二次回路；
（3）根据检查情况，由相关专业人员进行处理。

459   消弧线圈调谐器异常

异常现象

（1）监控后台机发出预告音响，报出"消弧线圈调谐器异常""消弧线圈装置故障告警"信息；

（2）消弧线圈控制装置"告警"指示灯亮。

异常原因

消弧线圈调谐器元件及回路故障，使消弧线圈控制装置检测到消弧线圈调谐器异常。

处理建议

（1）检查消弧线圈调谐器及回路有无异常；

（2）将消弧线圈退出运行；

（3）根据检查情况，由相关专业人员进行处理。

460   消弧线圈直流异常

异常现象

（1）监控后台机发出预告音响，报出"消弧线圈直流异常""消弧线圈装置故障告警"信息。

（2）消弧线圈控制装置"告警"指示灯亮。直流电压消失或直流接地。

异常原因

（1）消弧线圈控制装置直流回路故障；

（2）直流电源故障。

处理建议

（1）检查本站直流电源是否正常；

（2）检查消弧线圈控制直流开关、熔断器及直流回路有无异常。

461   消弧线圈接地状态

异常现象

监控后台机发出预告音响，报出"消弧线圈接地状态""母线接地告警"信息。

异常原因

消弧线圈补偿系统发生单相接地故障，消弧线圈补偿动作。

处理建议

(1) 检查接地母线电压指示或测量电压互感器二次侧电压值，判断接地相别；
(2) 采取安全措施后，检查站内设备有无异常；
(3) 根据接地选线装置显示或现场规程规定，按顺序进行接地选线，查出接地线路或设备。

462　消弧线圈挡位到头

异常现象

(1) 监控后台机发出预告音响，报出"消弧线圈挡位到头""消弧线圈容量不适""消弧线圈装置故障告警"信息；
(2) 消弧线圈控制装置中电容电流数值闪动，挡位显示在最高挡。

异常原因

(1) 消弧线圈容量不足，最大容量小于系统电容电流时，挡位已调到最高挡；
(2) 消弧线圈调挡装置故障或卡滞。

处理建议

(1) 检查消弧线圈控制装置有无异常；
(2) 增大消弧线圈容量。

463　消弧线圈容量不适

异常现象

(1) 监控后台机发出预告音响，报出"消弧线圈容量不适""消弧线圈挡位到头""消弧线圈装置故障告警"信息；
(2) 消弧线圈控制装置"告警"指示灯亮。

异常原因

(1) 消弧线圈容量小于或等于系统电压与线路长度的电容电流乘积，不适合系统电容电流补偿；
(2) 消弧线圈调挡装置故障误发。

处理建议

增大消弧线圈容量。

464　消弧装置失电

异常现象

(1) 监控后台机发出预告音响，报出"消弧装置失电""消弧线圈装置故障告警"

信息；

（2）消弧线圈控制装置"告警"指示灯亮。

异常原因

（1）消弧线圈控制装置交、直流电源回路故障；

（2）消弧线圈控制装置交、直流电源消失。

处理建议

检查消弧线圈控制装置交、直流电源空气小开关、熔断器及电源回路。

465 消弧线圈交流失电

异常现象

（1）监控后台机发出预告音响，报出"消弧线圈交流失电""消弧线圈装置故障告警"信息；

（2）交流电压不平衡。

异常原因

（1）消弧线圈控制装置交流电源回路故障；

（2）消弧线圈控制装置交流电源消失。

处理建议

检查消弧线圈控制装置交流电源空气开关、熔断器及电源回路。

466 消弧装置有载拒动

异常现象

监控后台机发出预告音响，报出"消弧装置有载拒动""消弧线圈装置故障告警"信息。

异常原因

（1）接地电容电流超过消弧线圈补偿整定值；

（2）消弧线圈有载调压装置故障。

处理建议

（1）检查消弧线圈有载调压装置及回路有无异常；

（2）根据检查情况，由相关专业人员进行处理。若故障短时无法排除，必要时将消弧线圈退出运行。

467 消弧装置接地报警

异常现象

（1）监控后台机发出预告音响，报出"消弧装置接地报警""母线接地告警"信号；
（2）消弧线圈控制装置"告警"指示灯亮。

异常原因

消弧线圈补偿系统发出单相接地故障，消弧线圈补偿动作。

处理建议

（1）检查接地母线电压指示或测量电压互感器二次侧电压值，判断接地相别；
（2）采取安全措施后，检查站内设备有无异常；
（3）根据接地选线装置显示或现场规程规定，按顺序进行接地选线，查出接地线路或设备。

468 消弧线圈中电阻投入超时告警

异常现象

（1）监控后台机发出预告音响，报出消弧线圈"中电阻投入超时告警"信息；
（2）消弧线圈运行音响增大，母线电压三相不平衡，$3U_0$电压升高。

异常原因

小电流接地系统发出单相接地，消弧线圈自动调节补偿，投入中性点中电阻进行接地选线，控制装置无法及时断开中电阻，中电阻投入时间超过整定值。

处理建议

（1）检查消弧线圈控制装置告警信息及运行情况；
（2）检查母线电压是否正常；
（3）检查接地变压器、消弧线圈及其断路器间隔设备，及相关二次回路有无异常；
（4）根据检查情况，由相关专业人员进行处理，若故障短时无法排除，必要时将消弧线圈退出运行。

469 消弧线圈装置故障

异常现象

（1）监控后台机发出预告音响，报出"消弧线圈装置故障""消弧线圈调谐器异常""消弧线圈直流异常""消弧线圈挡位到头""消弧线圈容量不适""消弧线圈电源失电""消弧装置交流失电""消弧线圈有载拒动告警"信息；

（2）消弧线圈控制装置"告警"指示灯亮。

异常原因

（1）消弧线圈控制装置交、直流电源或回路故障；
（2）消弧线圈控制装置或有载调压装置电气、机械、电源故障。

处理建议

（1）检查消弧线圈控制装置及有载调压装置是否正常；
（2）检查消弧线圈控制装置交、直流电源及相关二次回路有无异常；
（3）根据检查情况，由相关专业人员进行处理。

470　站用变压器零序过流保护告警

异常现象

（1）监控后台机发出预告音响，报出站用变压器保护装置"零序过流保护告警""保护动作告警"信息；
（2）站用变压器保护装置"告警"指示灯亮。

异常原因

站用变压器及其附属设备发生接地故障。

处理建议

（1）检查站用变压器保护装置告警信息及运行情况；
（2）检查站用变压器及其断路器间隔设备有无异常；
（3）根据检查情况，由相关专业人员进行处理，排除故障点后及时恢复送电。

471　站用变压器零序过压告警

异常现象

（1）监控后台机发出预告音响，报出站用变压器保护装置"零序过压告警"信息；
（2）站用变压器保护装置"告警"指示灯亮。

异常原因

（1）站用变压器及其附属设备发生接地故障；
（2）系统有单相接地。

处理建议

（1）检查站用变压器保护装置告警信息及运行情况。
（2）检查母线电压是否正常。

（3）检查站用变压器及其断路器间隔设备，及相关二次回路有无异常。排除故障点后及时恢复送电。

472　站用变压器过负荷告警

异常现象

（1）监控后台机发出预告音响，报出站用变压器"过负荷告警""装置告警"信息；

（2）站用变压器保护装置"告警"指示灯亮。

异常原因

站用变压器负荷增大，达到过负荷整定值。

处理建议

（1）检查站用变压器保护装置告警信息及运行情况；

（2）密切监视站用变压器负荷、温度、油位情况，及时转移负荷；

（3）进行设备特巡和红外测温。

473　站用变压器保护启动

异常现象

监控后台机发出预告音响，报出站用变压器"保护启动"信息。

异常原因

（1）负荷突变；

（2）站用变压器发生内部或外部故障。

处理建议

（1）检查站用变压器保护装置告警信息及运行情况；

（2）检查站用变压器及其断路器间隔设备有无异常。

474　站用变压器断路器控制回路断线

异常现象

（1）监控后台机发出预告音响，报出站用变压器断路器"控制回路断线""弹簧未储能"信息；

（2）断路器"位置"指示灯不亮，保护装置"告警"指示灯亮。

异常原因

（1）站用变压器断路器控制回路空气开关跳闸；

(2) 站用变压器断路器控制回路断线（含端子松动、接触不良）或短路；

(3) 弹簧机构弹簧未储能；

(4) 断路器机构"远方/就地"切换开关损坏。

处理建议

(1) 检查站用变压器保护装置及公共测控装置告警信息及运行情况，密切留意后续预告或动作信息，如有异常象征，令检查人员迅速撤离现场；

(2) 检查控制回路空气开关、跳合闸线圈、端子接线、辅助开关等是否接触良好；

(3) 检查弹簧机构、断路器机构；

(4) 检查断路器机构"远方/就地"切换开关。

475 站用变压器保护装置 TA 断线告警

异常现象

(1) 监控后台机发出预告音响，报出站用变压器保护装置"TA 断线告警""装置告警"信息；

(2) 站用变压器保护装置"告警"指示灯亮。

异常原因

(1) 电流互感器本体故障；

(2) 电流互感器二次回路断线（含端子松动、接触不良）或短路。

处理建议

(1) 检查站用变压器保护装置告警信息及运行情况，密切留意后续的预告或动作信号，如有异常象征，迅速撤离现场检查人员；

(2) 退出可能误动的保护和自动装置；

(3) 检查故障电流互感器是否有异常、异声、异味，及电流互感器二次电流回路有无烧蚀；

(4) 确有上述情况，应将电流互感器退出运行。

476 站用变压器保护装置母线 TV 断线告警

异常现象

(1) 监控后台机发出预告音响，报出站用变压器保护装置"母线 TV 断线告警""装置告警"信息；

(2) 站用变压器保护装置"告警"指示灯亮。

异常原因

(1) 母线电压互感器本体故障；

（2）母线电压互感器熔断器熔断或空气开关跳闸，电压互感器二次回路断线（含端子松动、接触不良）或短路；

（3）母线电压并列回路故障。

处理建议

（1）检查站用变压器保护装置告警信息及运行情况；密切留意后续的预告或动作信号，如有异常象征，迅速撤离现场检查人员。

（2）退出可能误动的保护和自动装置。

（3）检查母线电压互感器的熔断器是否熔断或空气开关是否跳闸。

（4）如母线电压互感器本体故障，隔离故障点后将电压互感器二次并列运行。

477　站用变压器断路器弹簧未储能

异常现象

（1）监控后台机发出预告音响，报出站用变压器断路器"弹簧未储能""控制回路断线""装置告警"信息；

（2）站用变压器保护装置"告警"指示灯亮。

异常原因

（1）储能电源断线或保险熔断；

（2）储能弹簧机械故障；

（3）弹簧储能电机控制回路断线。

处理建议

（1）检查储能电源空气开关或熔断器；

（2）检查弹簧储能电机控制回路；

（3）检查储能弹簧是否正常。

478　站用变压器保护装置告警

异常现象

（1）监控后台机发出预告音响，报出"站用变压器保护装置告警""母线 TV 断线告警""TA 断线告警""控制回路断线""过负荷告警""零序过压""零序过流""装置故障"信息；

（2）站用变压器保护装置"告警"指示灯亮。

异常原因

（1）电压互感器或电流互感器二次回路断线（含端子松动、接触不良）、短路；

（2）跳合位继电器故障；

（3）保护程序出错，自检、巡检异常；

（4）保护内部元件故障；

（5）站用变压器保护装置电源消失或二次回路短路接地。

处理建议

（1）检查站用变压器保护装置各种灯光指示是否正常；

（2）检查站用变压器保护装置报文；

（3）检查站用变压器保护装置、电压互感器、电流互感器的二次回路有无明显异常；

（4）根据检查情况，由相关专业人员进行处理。

第十五章

小电流接地系统异常分析及处理

479　小电流接地系统单相接地

异常现象

（1）监控后台台机发出预告音响，报出母线"单相接地"信息。

（2）若故障点高电阻接地，监控后台机指示接地相电压降低，其他两相对地电压高于相电压；若金属性接地，监控后台机指示接地相电压降到零，其他两相对地电压升高为线电压；若三相电压指示不停变换，则为间歇性接地。

（3）若为中性点经消弧线圈接地系统，接地时，监控后台机会报出"消弧线圈动作"信息，消经线圈电流有指示，装有中性点位移电压表时，可看到有一定指示（不完全接地）或指示为相电压（完全接地）。消弧线圈的接地告警灯亮。

（4）发生弧光接地时，产生过电压，非故障相电压很高，电压互感器高压熔断器可能熔断，甚至可能烧坏电压互感器。

异常原因

（1）设备绝缘不良，如老化、受潮、绝缘子破裂、表面脏污等，发生击穿接地；

（2）小动物、鸟类及其他外力破坏；

（3）线路断线后导线触碰金属支架或地面；

（4）恶劣天气影响，如雷雨、大风等。

处理建议

（1）系统发生接地时，可根据信号、电压的变化进行综合判断。但是在某些情况下，系统的绝缘没有损坏，而因其他原因产生某些不对称状态，如电压互感器高压熔断器一相熔断、系统谐振等，也可能报出接地信号，所以，应注意正确区分判断：

1）接地故障时，故障相电压降低，另两相升高，线电压不变。而高压熔断器一相熔断时，对地电压一相降低，另两相不会升高，与熔断相相关的线电压则会降低。对三相五柱式电压互感器，熔断相绝缘电压降低但不为零，非熔断相绝缘电压正常。

2）铁磁谐振经常发生的是基波和分频谐振。根据运行经验，当电源对只带电压互感器的空母线突然合闸时易产生基波谐振。基波谐振的现象是：两相对地电压升高，一相降低，或者两相对地电压降低，一相升高。当发生单相接地时易产生分频谐振。分频谐振的现象是：三相电压同时升高或依次轮流升高，电压表在同范围内低频（每秒一次左右）摆动。

3）用变压器对空载母线充电时断路器三相合闸不同期，三相对地电容不平衡，使中性点位移，三相电压不对称，报出接地信号。这种情况只在操作时发生，只要检查母线及连接设备无异常，即可判定，投入一条线路或投入一台站用变电站，即可消失。

4）系统中三相参数不对称，消弧线圈的补偿度调整不当，在倒运行方式时，会报出接地信号。此情况多发生在系统中有倒运行方式操作时，经汇报所属调度，相互联系，可先恢复原运行方式，将消弧线圈停电调分接头，然后投入，重新倒运行方式。

（2）当系统发生单相接地时，应检查、记录接地现象，即接地发生时间、监控后台机提示信息、电压指示等信息，并汇报所属调度。

（3）判断接地相别。根据监控后台机画面上的相电压指示，判断是否为接地故障，如是接地故障则判明故障相别。

（4）运维人员应根据监控人员的通知，检查相应变电站内设备有无故障。对接地母线上的一次设备进行外部检查，主要检查各设备瓷质部分有无损坏、有无放电闪络，检查设备上有无落物、小动物及外力破坏现象，检查各引线有无断线接地，检查互感器、避雷器、电缆头等有无击穿损坏。检查范围为主变压器相应侧的套管至母线及母线电压互感器（避雷器）、母线上所接所有出线至出口。检查时应两人进行，并穿绝缘靴，接触设备的外壳或架构时，应戴绝缘手套。

（5）采用拉路或倒母线的方法查找接地点：

1）分网运行缩小范围。分网包括系统分网和变电站站内分网。对于变电站，分网是使母线分列运行，分列后对仍有接地信号的一段母线进行查找处理。

2）依次短时断开故障所在母线上各出线断路器，如果断开断路器后接地信号消失，母线电压指示恢复正常，即可证明所停的线路上有接地故障。利用瞬停法查找有接地故障的线路，一般拉路顺序为：

①充电备用线路；②双回路用户分别停；③线路长、分支多、负荷小、不太重要用户的线路，或者发生故障概率高的线路；④分支少、线路短、负荷较大、较重要用户的线路；⑤剩最后一条线路也应试停。

3）对侧带有备自投的双回线路，应汇报所属调度，将对侧备自投退出后，再进行拉路查找。否则拉开一条线路后，由于对侧备自投动作，会将接地点转移到另一条线路上，造成误判断。

4）对于双母线接线，可以依次将一条母线上的回路倒至另一条母线上，然后断开母联断路器，若发现接地信号也随线路转移到另一条母线上，说明所倒换的线路上有接地故障。

5）如出线装有接地信号装置，故障范围很容易区分。若报出母线接地信号的同时，某一线路也有接地信号，则故障点多在该线路上。若只报出母线接地信号，故障点可能在母线及连接设备上。

6）拉路寻找仍找不出接地线路时，应考虑双、多回线路同相接地，站内母线设备接地（无可见异常现象），主变压器低压侧套管、母线桥接地的可能。

①查找双、多回线路同相接地时，先将一条母线上的线路断路器全部拉开，然后逐条线路试送电，如某条线路送电后发出接地信号，则说明该条线路接地，将接地线路断开后继续试送其他线路，直至母线上的线路全部恢复运行，即可查找出所有的接地线路。双母线接线方式，通过倒母线的方法即可查找出所有的接地线路。②经查找不是双、多回线路

同相接地，可合上分段（或母联）断路器，拉开母线主进断路器。如接地现象消失，即是主变压器低压套管或母线桥接地；如接地现象扩大到另一段（条）母线上，则是母线设备接地。

7）查找到接地故障点后，应立即汇报所属调度，根据调度命令，结合本变电站设备接线方式，通过倒闸操作将接地点隔离，做好安全措施处理。

8）如接地故障点在一般不重要用户的线路，可停电处理。如接地故障点在重要用户的线路，可以在转移负荷后或等用户做好准备后，将故障线路停电。

9）如接地故障点在变电站内设备上，且可以用断路器隔离，如线路、电流互感器、出线穿墙套管、出线避雷器、电缆头、线路侧隔离开关、耦合电容器等断路器外侧（线路侧）的设备接地。应汇报所属调度，转移负荷后，拉开断路器隔离故障，然后把故障设备各侧隔离开关拉开，汇报相关管理部门，通知相关专业人员检修故障设备。

10）如接地故障点在变电站内设备上，且不能用断路器隔离，如断路器、母线侧隔离开关、电压互感器、母线避雷器等设备接地，这种情况下必须注意：切记不可用隔离开关拉开接地故障设备和线路负荷电流，应用下列相应方法处理：

①母线设备接地，可将母线停电后，隔离接地点。接地点断开后，母线能够恢复运行的应恢复运行。②主变压器低压侧接地，需将主变压器停电转检修。③有旁路母线的，且故障点在出线断路器上，可以将故障点所在线路倒旁路母线运行，使旁路断路器与故障点所属出线断路器并列运行，断开旁路断路器控制电源，拉开接地断路器母线侧隔离开关，然后拉开旁路断路器隔离故障点。④不能通过倒运行方式停电隔离故障点，又不允许母线或主变压器停电时，可采取人工转移接地点操作，隔离接地点，恢复设备正常运行，即首先确定接地相别；其次，选择与接地点在同一条母线上的一条回路，拉开该回路断路器和两侧隔离开关，在断路器和线路侧隔离开关之间装设与接地相同相的单相接地线；再次，合上人工接地回路母线侧隔离开关和断路器，使人工接地点与故障接地点并联；再次，断开人工接地点断路器控制电源，用隔离开关拉开故障接地点；最后，投入人工接地点断路器控制电源，拉开断路器和母线侧隔离开关，拆除单相接地线，恢复回路正常运行。

480 小电流接地系统缺相运行

异常现象

（1）监控后台机可能发出预告音响，报出小电流接地系统接地信号，和主变压器本侧零序过电压保护动作信号；中性点带有消弧线圈时，消弧线圈电压升高，电流增大。

（2）监控人员在监盘时，或运维人员在检查时，可能会看到一相或两相电流为零，其他相电流增大，相关的功率指示和电能表计量电量与平时不同（但当线路只装设一相或两相电流互感器时，如断线相未接电流互感器，电流变化不易被发现）。

（3）监控后台机小电流接地系统母线电压指示，有时一相或两相升高，其他相降低；有时一相降低为零，其他相电压基本不变。

异常原因

（1）导线接头锈蚀、发热烧断；

（2）连接设备质量问题，如支持绝缘子损坏等；

（3）导线受外力伤害断线；

（4）恶劣天气影响，如大风、冰雹等造成线路断线；

（5）断路器内部绝缘拉杆断裂，操作时一相未变位。

处理建议

（1）当变电站有缺相运行的信号或现象时，应进行正确的判断分析。单相断线与单相接地信号相近，应注意区分，单相接地是一相电压降低，两相升高；线路单相断线是一相电压升高，两相降低；母线单相断线是一相电压降低为零，其他两相基本不变。并且线路单相断线还有电流变化（一相电流为零，其他两相增大）、保护发信号等其他异常现象，应收集全部现象进行综合分析。

（2）确认线路或母线缺相运行，应汇报所属调度后将线路或母线停电处理。

（3）由于操作时断路器绝缘拉杆断裂造成缺相运行，一相合不上时应将断路器拉开；一相不能拉开时，不能用隔离开关拉开，应采用倒闸操作的方法将故障断路器退出运行，操作方法如下：

1）有旁路母线的，且是出线断路器故障，可以将故障断路器所带线路倒旁路母线运行，使旁路断路器与故障的出线断路器并列运行，断开旁路断路器控制电源，拉开故障断路器母线侧隔离开关，然后拉开旁路断路器隔离故障点。

2）无旁路母线的，且是出线断路器故障，应将所在母线上的所有出线断路器拉开，用母线电源断路器将故障断路器停电，拉开故障断路器两侧隔离开关，将故障断路器隔离，再恢复母线及其他出线运行。

3）如故障断路器为主变压器本侧主断路器，应将负荷倒出并停电后，将主变压器停电，拉开故障断路器两侧隔离开关，将故障断路器隔离，再恢复主变压器其他侧运行。

4）如故障断路器为分段断路器，此时应将故障的母线段负荷倒出停电，且将母线电压互感器停电后，用故障断路器的隔离开关断开空母线，将故障断路器隔离，再恢复其他出线运行。

第十六章

智能变电站异常分析及处理

481 MU 装置告警

异常现象

（1）监控后台机发出预告音响，报出"×断路器合并单元装置异常""×断路器 A 套或 B 套保护失去交流量""测控装置异常"信息。

（2）MU 告警灯亮；装置液晶屏出现"时钟异常""采样异常""DIDE 电源异常"等信息。

异常原因

（1）MU 装置失电；

（2）MU 装置 CPU 烧毁；

（3）自检时钟错误或无采样脉冲，或者给出的采样脉冲信号与配置文件不匹配；

（4）采样数据因 A/D 电源异常、状态异常造成无数据或数据异常；

（5）SV 网数据传输掉链、ST 光纤接口破损或光纤头污染；

（6）激光器输出功率降低、器件损坏；激光器输出功率高导致光纤头损伤衰耗过高，长时间运行烧坏卡板；

（7）CPU 模件损坏，报文无法输出。

处理建议

（1）检查 MU 装置电源小开关，DIDE 模块是否正常；

（2）检查站内对时系统 GPS 和北斗系统运行是否正常；

（3）检查 ECT/EVT 运行是否正常；

（4）检查面板异常提示灯，在自检菜单检查异常信息提示；

（5）检查光纤有无折损，使用 OTDR 测试仪对光通道进行检查；

（6）MU 发生的异常如果使整个装置无法运行，则应立即联系调度退出相对应的保护装置，由相关专业人员进行处理。

482 IU 装置告警

异常现象

（1）监控后台机 SOE "×断路器智能终端装置异常"；

（2）IU"告警"灯亮，"GOOSE"异常灯亮、"对时"异常灯亮；"配置异常"灯亮；断路器及隔刀位置灯异常，装置液晶屏报出"CPU异常""电源异常"信息。

异常原因

（1）装置失电，屏幕无显示可能 CPU 烧毁；

（2）GOOSE 异常，保护与智能终端通讯中断或掉链，考虑从终端到测控、保护、光纤、通道、交换机的通信；

（3）失去装置电源或 CPU 及模块损坏；

（4）遥信数据有时标错误造成，也考虑本装置的描述文件与 SCD 文件兼容性差；

（5）装置失去电源或实时数据采集错误、辅助接点切换不良造成与实际运行位置不符，二极管灯烧毁的可能性很小。

处理建议

（1）如果是装置失去电源，应及时检查装置空气开关和有无电压；CPU 错误，应在监控后台机上检查 SOE 信息"保护与智能终端通信中断"。

（2）GOOSE 网络异常巡视检查方面较多，到 MMS 检查网络收/发信息，如果保护装置发信正常，说明智能终端装置出现问题，检查终端光纤头有无脏污，CPU 是否告警等；如果收/发通信中断，则本间隔过程层、间隔层设备应逐一检查。

（3）发生"配置异常"应结合监控后台机信息和终端显示综合判断，是否需要 CID 文件升级。

（4）装置运行位置显示灯错误，要检查辅助接点切换是否正常，可参考母差屏和监控后台机及信息；装置采集数据错误与 CPU 处理有关联。

（5）发生上述问题，特别是 GOOSE 网络、装置故障，要汇报相关管理部门和所属调度，退出相对应的智能终端、保护装置或出口软压板，单套保护应停电，由相关专业人员进行处理。

483 一次设备安装的在线监测传感器异常

异常现象

（1）设备状态监测及评估装置数据不刷新或没有；

（2）装置画面显示某传感器告警闪烁；

（3）监控后台机告警无数据。

异常原因

（1）监控系统主机故障或失去主、备电源；

（2）路由器或交换机故障，光纤线或损坏；

（3）室外传感器损坏。

处理建议

（1）确认主机仍有电源，但数据灯熄灭风扇停止，可以试重启一次；

（2）交换机 Alarm 灯亮，路由器数据灯停止，证明元件有问题；

（3）检查室外传感器外部有无损伤或线材松动、脱落；

（4）发现以上问题应及时汇报相关管理部门，由相关专业人员进行处理。

484　电压互感器 MU 告警

异常现象

（1）合并单元"告警"灯亮，"采集器电压"灯闪烁；

（2）装置液晶屏有"光纤通道采样数据异常"信息报出。

异常原因

（1）MU 装置掉电，DIDE 模块、CPU 烧毁；

（2）激光回路损坏或光纤问题；

（3）一次设备问题，诸如开路、短路。

处理建议

（1）检查保护、测控装置电压数据，查看监控后台机告警信息；

（2）一次设备发生故障，按规程中电压断线处理方法进行处理；

（3）重点检查保护交流二次失电，退出相关保护防止误动。

485　主变压器在线监测装置告警

异常现象

（1）状态监测系统告警，监控后台机有告警信息；

（2）交换机告警，交换机本装置故障；

（3）智能组件柜显示异常，某 IED 出现故障信息；

（4）传感器出现问题；

（5）网络报文传输中断，例如 SV 或 GOOSE 告警。

异常原因

（1）检查状态监测与评估系统某一数据超标，主机设备故障；

（2）检查交换机告警灯是否点亮；

（3）设备区检查智能组件柜，故障信息与系统信息一致；

（4）变送器本身元件烧毁。

处理建议

（1）状态监测系统数据异常，寻找超标数据并做好记录，汇报相关管理部门；如果主机故障，由相关专业人员进行更换处理；巡视中应查看智能组件柜液晶屏显示内容；

（2）交换机告警灯亮，应立即汇报相关管理部门和所属调度；

（3）智能组件柜出现异常信息，系统主机数据不再刷新，应检查色谱、局放、压力装置有无故障，诸如套管、接口、氮气泄漏等；

（4）数据包不刷新，装置网络告警灯亮，查看 MMS 对比分析，确认后汇报相关管理部门；

（5）硬件装置的故障，应及时汇报相关管理部门，由相关专业人员更换。

486　35/10kV 测保一体智能装置告警

异常现象

（1）监控后台机发出预告音响，SOE 报出"×断路器智能终端装置异常"；

（2）IU"告警"灯亮，"GOOSE 异常"灯亮，"对时异常"灯亮，"配置异常"灯亮，断路器及隔刀位置灯异常，运行/闭锁灯亮红色。

异常原因

（1）装置失电，CPU 烧毁；

（2）GOOSE 异常，保护与智能终端通信中断或掉链，考虑从终端到测控、保护、光纤、通道、交换机通信；

（3）失去装置电源或 CPU 及模块损坏，闭锁包括 CPU 异常；

（4）遥信数据时标错误造，也可能是本装置的描述文件与 SCD 文件兼容性差；

（5）装置失去电源或者实时数据采集错误，辅助接点接触不良造成与实际运行位置不符，二极管灯烧坏的可能性很小。

处理建议

（1）检查装置电源是否正常，失去直流电源后及时检查装置电源空气开关和有无电压，若是 CPU 错误，应检查监控后台机上 SOE 的"保护与智能终端通信中断"信息；

（2）GOOSE 网络异常巡视检查的方面较多，到 MMS 检查网络收/发信息，如果保护装置发信正常，说明智能终端装置出现问题，检查终端光纤头有无脏污，CPU 是否告警等，如果收/发通信中断，则本间隔的过程层、间隔层设备逐一检查；

（3）发生"配置异常"应结合监控后台机信息和终端液晶屏显示综合判断，是否需要 CID 文件升级；

（4）设备运行位置显示灯错误，要检查辅助接点切换正常，可参考母差保护屏和监控后台机及信息，装置采集数据错误与 CPU 处理有关联；

（5）发生上述问题，特别是 GOOSE 网络、装置故障，要汇报相关管理部门和所属调度，退出相对应的智能终端、保护装置或出口软压板，单套保护应停电，由相关专业人员进行处理。

487　汇控柜线路电压继电器异常

异常现象

（1）巡视设备发现，运行中的汇控柜中线路电压继电器红灯熄灭；继电器有明显的烧伤痕迹。

（2）停电操作后，发现汇控柜中线路电压继电器接点黏连。

（1）设备在运行状态，接线头断开；
（2）继电器有接点黏连过热，塑料外壳变形。

（1）发现线路电压继电器异常，应及时汇报相关管理部门及所属调度，由专业人员进行处理；
（2）在没有更换继电器前进行倒闸操作，应根据监控后台机、测控装置、智能柜中的智能终端、汇控柜内的模拟量显示、断路器位置等来判断线路有无电压。

488 中心（间隔层或公共）交换机出现异常 ALARM

（1）监控后台机发出预告音响，报出"采样数据异常""采样数据无效""GOOSE 网络中断"等信息。
（2）交换机 RUN、ACT、PWR1、PWR2 指示灯熄灭；交换机告警灯点亮 ALARM。

（1）失去装置电源、网关有问题；
（2）装置元件有可能高温烧毁。

（1）检查判断交换机电源是否正常，包括查找直流馈线屏直供小开关。
（2）检查数据灯不再闪烁，告警灯亮起，可判断装置元件有问题，一般是装置内部电源烧毁，长时间不能处理，应联系所属调度，确定交换机是 A 网还是 B 网，退出与此相关的 A 套或 B 套保护。
（3）交换机作为网络节点发生故障，母线保护、变压器保护、过负荷联切等公用设备保护无法跳闸，接入本交换机每个间隔报收"GOOSE 错"，要尽快处理更换交换机。
（4）某间隔交换机出现异常和报警，只影响本间隔的保护，应退出相对应的 A 套或 B 套保护；对于保护采用直采直跳方式的，可以不用退出。
（5）网关或端口故障，只影响接入本端口的保护通信，主要是因为交换机端口到每套保护的端口不同，受影响的保护应联系退出。
（6）采用双备份的中心交换机，仅仅是交换机故障可以不退出相关保护。

489 测控装置异常

（1）监控后台机发出预告音响，报出 SOE"测控装置异常"信息，频繁报出"GOOSE

通信断链"信息，稳态或动态数据不刷新或空白；

（2）一平面、二平面或网络通信柜上传数据有错误，监控后台机也有报文报出；

（3）"SV A 或 B 网""GOOSE A 或 B 网"网络异常。

异常原因

（1）测控装置电源异常，装置元件烧坏；

（2）所有稳态数据停止 5s 无更新或无动态矢量数据；

（3）测控装置因数据量过大造成死机；

（4）测控装置数据错误造成远动数据错误。

处理建议

（1）因装置失电造成，检查电源开关是否跳开，能否上电；

（2）测控装置本身故障，由相关专业人员处理；

（3）属于网络问题应检查测控装置、交换机、智能控制柜中设备光纤接口，是否属于物理性故障造成通信断链；

（4）测控装置与其他装置的文件匹配，需要升级处理；

（5）GOOSE 网、SV 网发出的数据包时标错误，或者 MU/IU 异常发出报文延时，需要检查智能控制柜设备；GOOSE 通信断链造成本间隔闭锁，与此相关的跨间隔操作也将闭锁，遇到操作时，在智能终端柜处解锁，但是必须执行五防闭锁规定。

490 220、110kV 保护异常

异常现象

（1）监控后台机发出预告音响，报出"保护与 CPU 通信中断""保护装置失去电源""TA 或 TV 断线"信息；

（2）保护装置"告警"灯亮；液晶屏黑屏或无显示，触摸屏无反应；或者液晶屏滚动数据不刷新，GOOSE 通信断链、开关量数据出错、SV 采样值出错或无效；或者通道异常，对时异常。

异常原因

（1）保护装置电源小开关或直流馈线屏小开关跳闸，CPU 损坏；

（2）CPU 损坏造成黑屏、花屏或液晶屏损坏；

（3）与交换机有关的数据不再通信，智能终端、合并单元、网络异常造成遥信数据失去；

（4）出现断线信号原因较多，交流小开关、SV 网的传输、直采直跳采用的光纤、交换机、一次设备故障等；

（5）通道异常有装置原因也有线路光纤损坏，对时系统异常或保护与智能控制柜中的装置通信中时标出错。

处理建议

（1）当保护装置异常时，应立即汇报所属调度。

（2）装置元件故障应退出本套保护，对于单套保护应停电处理。

（3）只是液晶屏损坏，应由相关专业人员进行处理。

（4）数据不刷新，应查找装置或网络的原因，通过 MMS 分析网络信息交换时间点、信息量、无效包数量，确定因何造成。

（5）出现交流断线，运维人员通过监控后台机、保护装置、合并单元查看，必要时与所属调度联系，倒闸操作处理。

（6）保护装置故障，双套配置的线路失灵功能的母线保护，可能导致误开出失灵GOOSE 造成误动，退出相应智能终端、相应母线保护的失灵功能。监控后台机与本套保护装置软压板不能进行操作，此时有故障保护可能拒动。

（7）如遇保护装置特别异常（如采样值频繁无效、保护频繁闭锁）情况，可由所属调度口头许可"将保护改检修"，防止保护误动，再将保护停用。

491　对时系统装置异常

异常现象

（1）"运行""1PPS""B 码"灯灭，"告警"灯亮；

（2）"电源"灯熄灭，"同步 1/2"灯熄灭；

（3）液晶屏显示"外部 GPS/BD 时间基准信号消失""外部 IRIG－B 码时间基准信号消失""设备正在驯服中"……

（4）设备死机，无任何 GPS/BD 信号或显示。

异常原因

（1）电源消失，本装置内部电源元件烧毁；

（2）外部天线安装有缺陷；

（3）失去同步时装置接线、安装情况有问题；

（4）告警灯亮也可能是外部时间基准信号未锁定。

处理建议

（1）检查装置电源尽快恢复，装置内部电源元件烧毁，需交相关专业人员进行处理、更换；

（2）主钟故障或完全失电或去交换机的光纤断裂时，切换到从时钟运行，但是要尽快处理，恢复主时钟运行，主、从时钟自切时，此期间保护装置可能会失去同步，差动保护装置将闭锁，但不影响后台保护，全站其他保护和合并单元不受影响；

（3）设备不能搜索到卫星"告警"灯亮，除了时钟装置本身，还要检查屋顶的天线是否受到外力的破坏；

（4）主、从时钟均故障，主时钟有守时功能，虽然不影响全站的同步和保护功能，但要尽快查明原因，恢复运行。

492　MMS 装置异常

异常现象

（1）运行灯熄灭，装置异常信号发出，事件通信中断；

（2）装置电源消失，电源灯熄灭；

（3）故障不能启动录波，网络事件分析中断；

（4）对时出错或无法接受对时。

（1）装置诊断有元件或电源模块损坏，交换机有异常或装置本身通信模块异常；

（2）装置电源断开；

（3）装置参数设置不当或配置文件出错；

（4）设置不当，接线错误或对时系统异常。

（1）装置本身故障，需由相关专业人员处理，不能恢复时，MMS与监控后台机通信中断不再显示报文，运维人员要经常巡视保护室，防止出现故障时未及时发现；

（2）装置电源失去要及时查清原因恢复，检查范围是从装置开关到直流馈线屏；

（3）检查配置文件引起的异常要通知相关专业人员做好升级工作，修改软件参数；

（4）对时错误要检查站内对时系统是否正常运行，如果装置问题，应由相关专业人员进行处理。

493　计量装置网络传输信号异常

（1）监控后台机预告音响发出，报出 SOE "交流回路电源消失" "SV 网数据掉链"信息；

（2）计量表计缺相信号灯闪烁或黑屏；

（3）远动装置发"计量装置通信异常"信号；

（4）MMS装置发出"×母线 MU 告警"报文。

（1）交流电压或电流回路断线；

（2）计量表计失电或表计损坏，计量屏端子接线错误或脱落；

（3）远动通信上传数据异常；

（4）合并单元告警或电流互感器断线。

（1）在监控后台机发现告警信息后，应及时检查计量电压屏、母线合并单元信号以及回路空气开关；

（2）检查中心交换机以及本屏交换机运行情况；

（3）发现 TA 断线应检查本间隔合并单元及连接 TA 电确认 TA 问题应联系所属调度进行停电处理；

（4）当 SV 网中 A 网或 B 网出现掉链等情况，通过 MMS 报文查找故障出现设备。

494　"五防"监控一体机服务中断

异常现象

（1）监控画面数据不刷新，故障时无变位；
（2）点击分画面时不能使用各种功能；
（3）SOE 等信息空白，不能查找历史数据；
（4）MMS 网通信中断后造成监控后台机无信息。

异常原因

（1）服务器死机或服务器软、硬件故障；
（2）除服务器故障原因，还有 GOOSE 网掉链、SV 网数据失效、保护异常；
（3）MMS 网络失联或装置本身故障。

处理建议

（1）检查服务器监控画面数据与测控装置数据是否一致，轮流重启服务器检查是否有效，无任何信息时应交相关专业人员处理；
（2）服务器软件需要升级或检查网络连接，特别是出现 GOOSE 网络掉链、SV 网数据失效、保护异常时，测控数据可能无刷新，造成监控后台机画面停滞，需要厂家来人处理；
（3）检查 MMS 运行情况以及本柜交换机，MMS 与监控服务器网络通信中断，无即时 SOE 信息，在 MMS 上查找中断原因，纯物理原因可从背后接线到监控服务器接线查看有无断线、脱落等等，现场不能处理的，交相关专业人员进行处理。

495　"五防"监控一体机操作任务不能执行或数据传输通信中断

异常现象

（1）发送操作票后，电脑操作钥匙无反应或长时间显示"接收中……"；
（2）监控机不能执行发送命令；
（3）"五防"系统登录后不允许操作，或者显示"操作项目已超时……"；
（4）"五防"监控系统不能登录，紧急情况下输入命令不能全站解锁。

异常原因

（1）"五防"监控一体机与钥匙通讯中断；
（2）监控机死机或数据堵塞；
（3）监控与"五防"软件有不兼容的地方；
（4）系统是否死机，或者输入的解锁密码错误。

处理建议

（1）遇有"五防"监控一体机不能操作时，操作人员可以重试一遍，并检查钥匙通信灯是否闪烁，或者重新放置钥匙一次。

（2）监控机死机可以在对话框输入命令重启，或者关闭监控"五防"系统后再打开检查有无变化，如果要重启服务器必须保证一台备份机或主机运行。

（3）监控五防系统死机或通信无响应，最大的可能是监控与"五防"软件有不兼容的地方，对运行工作有很大的危害，应及时通知厂家来人处理。

（4）不能登录时，应检查名字全拼的大、小写有无错误，系统是否死机，紧急解锁密码输入是否正确。登录密码保存在专用手册里，不得随意关闭服务器，这样可能造成数据库数据丢失等。

496 监控机 SOE 信息时间错乱

异常现象

（1）监控系统 SOE 告警时间与正常时间有误，或者不按时序排列；
（2）监控后台机出现"对时错误"或"时钟告警"信息。

异常原因

（1）过程层或间隔层设备问题；
（2）服务器软件或设置问题；
（3）时钟主、从系统设备故障，或者外部时间基准信号消失未切换到自守系统。

处理建议

（1）发现 SOE 时序错误，结合其他告警信息，检查时钟系统有无告警，属于软件问题，由厂家来人处理；
（2）时钟系统故障且内部守时系统损坏，应由相关专业人员进行处理，不得擅自关闭装置电源重启；
（3）如果是过程层、间隔层设备问题，需要综合判断，从过程层和间隔层查找问题，进行相关处理。

497 "五防"系统电脑程序解锁钥匙异常

异常现象

（1）不能接收服务器下传操作任务；
（2）不能启动或使用中自动关闭；
（3）通信灯不亮或数据传输时不频闪；
（4）需要多次重置计算机钥匙；
（5）重新启动钥匙时不能进入系统。

异常原因

（1）服务器异常或计算机解锁钥匙未启动；

（2）计算机解锁钥匙电池容量不足或欠充电；

（3）与服务器通信出现异常；

（4）计算机解锁钥匙内部出错；

（5）计算机解锁钥匙损坏。

处理建议

（1）检查计算机解锁钥匙是否开启，如果是服务器不能传输，在监控机可看到执行超时，或者监控"五防"系统的闭锁点设置错误，致使计算机解锁钥匙不能操作。计算机解锁钥匙通讯灯不亮，相互之间不联系，可以重启监控"五防"系统，重新发送，不能解决需要重启服务器，但必须按规定轮流启动。

（2）定期检查计算机解锁钥匙中的电池，发现经常自动关闭或者充电后仍旧电源指示是红灯，要及时更换。

（3）计算机钥匙系统出错或钥匙损坏及时更换。

498 一体化电源异常

异常现象

（1）监控后台机发出预告音响，报出"交流Ⅰ段或Ⅱ段失电""电源主备切换""进线QF1或QF2跳"信息；

（2）监控后台机发出预告音响，报出"直流馈电屏X失电""直流模块告警""交流进线Ⅰ或Ⅱ电源消失"信息；

（3）监控后台机发出预告音响，报出"充电输出熔丝断""蓄电池电压低"信息；

（4）监控后台机发出预告音响，报出一体化电源"避雷器告警""绝缘能力降低""通信故障"信息。

异常原因

（1）站用变压器跳闸或一次熔断器熔断；交流Ⅰ、Ⅱ段主、备把手位置错误；交流屏进线或母线有短路点；

（2）直流屏进线开关跳闸，直流屏输出至某馈电屏开关跳闸，直流模块装置异常无输出或烧毁；

（3）屏后保险熔断，直流装置问题或者失去高频模块带直流负荷，由蓄电池带起全部负荷造成；

（4）避雷器失效，正极或负极直流接地造成绝缘降低，通信电源屏装置故障或高频模块损坏，直流装置与监控服务器通信中断等。

处理建议

（1）检查交流屏有无短路点、进线开关有无跳闸，站用变压器一次保险熔断后主、备用电源切换，在检查中切换把手位置应打至一主一备自动方式，防止误投造成自切开关不启动；

（2）直流屏交流电源开关跳闸发出信号，输出至馈电屏开关跳闸，试送开关或投入第二路电源恢复正常，直流高频模块告警可退出运行，待专业人员更换；

（3）检查保险确实熔断更换新保险，再次熔断不得更换，应查找短路原因，原因不明待相关专业人员进行处理，全站失去交流电源由蓄电池供电，应在短时间内恢复，确实不能恢复应准备应急发电车；

（4）检查直流屏显示哪路避雷器失效后立即更换新的，直流接地后检查正、负极对地电压、阻值，待相关专业人员进行处理，发通信中断信号检查直流液晶屏提供的信息，屏后光纤无损坏，光电转换器无损坏，将此结果告知专业人员进行处理。

499 智能辅助系统异常

异常现象

（1）视频系统告警，某摄像头显示黑屏；
（2）门禁系统告警，无自锁功能；
（3）空调不能启动，风扇停止；
（4）安防系统告警，不能复归；
（5）温度、风速系统无后台数据。

异常原因

（1）视频系统主机断电，某画面黑屏可能摄像头损坏；
（2）门禁主机断电或装置烧毁及智能辅助系统上关闭；
（3）空调、风扇断电或故障；
（4）安防系统装置故障或断电，发生断线或短路；
（5）温度、风速传感器损坏或接线脱落。

处理建议

（1）视频系统主机不运行，检查装置电源是否正常或主机本身故障，终端无视频画面可能网络传输断线，如果重启后某画面仍旧黑屏大多数是摄像头已损坏，按缺陷管理流程填报缺陷，由相关专业人员进行处理；

（2）门禁系统主机断电或烧毁致使门禁失灵，在智能辅助系统操作无反应，应按缺陷管理流程，填报缺陷，由相关专业人员进行处理；

（3）空调、风扇全部不能使用，检查交流电源是否存在，交流屏开关运行情况，智能辅助系统是否关闭设备；

（4）安防告警不能复归，检查是否发生断线或短路，如果脉冲高电压降低则考虑发生事故，由相关专业人员进行处理；

（5）检查屋顶传感器损坏或断线，不能维护待相关专业人员进行更换。